国家中等职业教育改革发展示范学校系列教材

中兽医基础

主　编　刘明春（广西柳州畜牧兽医学校）

参　编　（按姓氏笔画排列）

　　　　刘爱军（河北省邯郸市农业学校）

　　　　张永利（山东省青岛即墨市第一职业中等专业学校）

　　　　罗福成（四川省阿坝州中等职业学校）

　　　　周　兴（甘肃省华亭县职业教育中心）

　　　　周盛益（广西柳州畜牧兽医学校）

　　　　常姗姗（广西柳州畜牧兽医学校）

审　稿　胡庭俊（广西大学）

广西科学技术出版社

图书在版编目（CIP）数据

中兽医基础/刘明春主编. —南宁：广西科学技术出版社，2015.8（2019.1重印）
ISBN 978-7-5551-0400-1

Ⅰ.①中… Ⅱ.①刘… Ⅲ.①中兽医学 Ⅳ.①S853

中国版本图书馆CIP数据核字（2015）第055423号

ZHONGSHOUYI JICHU

中兽医基础

主编　刘明春

策划/组稿：陆媛峰

责任编辑：池庆松　　　　　　　　　装帧设计：韦娇林
责任校对：陈庆明　　　　　　　　　责任印制：韦文印

出　版　人：卢培钊　　　　　　　　出版发行：广西科学技术出版社
社　　　址：广西南宁市东葛路66号　邮政编码：530023
网　　　址：http://www.gxkjs.com

经　　　销：全国各地新华书店
印　　　刷：广西民族印刷包装集团有限公司
地　　　址：南宁市高新区高新三路1号　邮政编码：530007
开　　　本：787 mm×1092 mm　1/16
字　　　数：290千字　　　　　　　　印　　张：12
版　　　次：2015年8月第1版　　　　印　　次：2019年1月第2次印刷
书　　　号：ISBN 978-7-5551-0400-1
定　　　价：28.00元

前　言

　　《中兽医基础》课程是中等职业学校畜牧兽医专业的一门应用型核心课程。本教材是按照中等职业学校畜牧兽医类专业人才培养方案和畜牧兽医岗位标准的要求编写的。在编写理念上力求突出中职特色，以实践为主，教学做用合一。充分体现专业课程教材的实用性、应用性，重点培养学生的综合能力和继续学习的能力。

　　本教材按照"继承与创新相结合、理论与实践相结合"的编写思路，既能较好地保持中兽医基础的传统特色，又尽量突破学科和课程体系，按照新时期中等职业教育人才培养方案，立足于培养技术技能型人才，注重实践能力的培养。

　　本教材紧密结合畜禽生产实际和动物疾病防治实践，简明扼要、通俗易懂、重点突出地阐述了中兽医学之理、法、方、药的基本理论和基本技能。全书分为六大项目33个任务，内容主要有中兽医基本特点、基础理论、常用中草药及方剂、针灸、辨证论治和病证防治，并附有知识扩展、技能训练、职业能力测试、技能考核和常用中草药彩图。

　　本教材由主讲该课程的教师与具有丰富实践经验的兽医工作者分工编写。全书由刘明春修改、统稿，由广西大学胡庭俊教授审稿。各项目的分工分别为：项目一由刘明春编写，项目二由周兴、常姗姗编写，项目三由罗福成、周盛益编写，项目四由刘明春、张永利编写，项目五和项目六由刘明春、刘爱军、罗福成编写。

《中兽医基础》的编写，除编写组成员的通力协作、共同努力外，承蒙部分职业院校的同行、专家的指导，特别是广西柳州畜牧兽医学校同行们对本教材的编写工作给予了大力支持，在此一并致谢。

由于编者学识有限，书中难免会有疏漏和不尽如人意之处，恳请各职业学校广大师生和读者提出宝贵意见，以便重印、再版时修订。

编　者

2014年10月

目 录

项目一 中兽医的基本特点

【学习目标】
（1）理解中兽医学的概念，了解中兽医学的发展概况。
（2）重点掌握中兽医学的基本特点，以及中兽医学在保障畜牧业发展中的重要作用。
（3）明确学习中兽医学的目的、任务及方法。

一、中兽医学的概念

中兽医学又称中国传统兽医学，是应用中国传统兽医学的理、法、方、药及针灸进行防治动物病证的技术。中兽医学在长期的医疗实践中，不断得到补充和发展。

二、中兽医学的发展概况

殷周时期产生了阴阳和五行学说，这以后成为中医和中兽医学的推理工具。中兽医学的基本理论源自约公元前3世纪出现的《黄帝内经》。西周时期已设有专职兽医诊治"兽病"和"兽疡"，家畜去势术已广泛应用于猪、马及牛等多种动物。

秦汉时期（公元前221年～公元220年），《厩苑律》是我国最早的畜牧兽医法规。《神农本草经》是我国最早的一部人畜通用的药学专著，收载药物365种，如"桐叶治猪疮"以及"雄黄治疗癣"等。汉末名医华佗，首创全身麻醉剂"麻沸散"。汉代名医张仲景所著的《伤寒杂病论》等书，充实和发展了辨证施治的原则。

魏晋南北朝时期（公元220～581年），晋人葛洪所著的《肘后备急方》，记有治六畜的"诸病方"、灸熨和"谷道入手"等诊疗技术，以及类似狂犬病疫苗的防治狂犬病的方法。北魏贾思勰所著的《齐民要术》有畜牧兽医专卷，记有掏结术、动物群发病的隔离措施等。

隋代（公元581～618年），对于病证的诊治、方药及针灸的应用等均有了专著。

唐代（公元618～907年），我国已有兽医教育。唐人李石编著的《司牧安骥集》为我国最早的畜牧兽医教科书。当时颁布的《新修本草》是世界上最早的一部人畜通用的药典。

宋代（公元960～1279年），设有专门疗养病马的机构"病马监"和尸体解剖机构"皮剥所"，以及兽医药房"药蜜库"。宋代还编著有《医马经》《蓄牧纂验方》《安骥方》等。

元代（公元1271～1368年），著名兽医卞宝（卞管勾）著有《痊骥通玄论》，并对马的起卧症（包括掏结术）进行了总结性论述。

明代（公元1368～1644年），名兽医喻本元、喻本亨编撰了著名的《元亨疗马集》

（附《牛驼经》），刊行于1608年，是国内外流传最广、影响最大的一部中兽医代表著作。李时珍（公元1518～1593年）编著了举世闻名的《本草纲目》，收入药物1 892种，方剂11 096个。

鸦片战争以前的清代（公元1644～1840年），我国兽医学陷入停滞不前的状态。1736年，李玉书对《元亨疗马集》一书进行了改编，增加了一部分内容。鸦片战争以后，中兽医的发展陷入困境，北洋政府在1904年开办了北洋马医学堂，随着西兽医学在我国传播，有了中兽医、西兽医之分。主要著作有《活兽慈舟》《牛经切要》《猪经大全》等。

1949年中华人民共和国成立以后，中兽医学进入了一个蓬勃发展的新阶段。1956年1月国务院颁布了"加强民间兽医工作"的指示。全国先后有中兽医学的研究、教育和学术组织建立，中兽医学获得了前所未有的发展。编撰出版了一大批中兽医学书籍，同时，在中兽医学理论、中药、方剂、针灸以及病证防治等方面的研究取得了丰硕的成果。

三、中兽医学的基本特点

中兽医学的基本特点主要为整体观念和辨证论治。

（一）整体观念

中兽医学认为动物体具有整体性，动物体各组成部分之间，在结构上不可分割，在生理上相互协调，在病理变化上相互影响，是一个有机的整体。诊察疾病时，应从整体出发，通过观察各种外在的临床表现，分析内在的全身或局部的病理变化，即见其外而知其内。

动物体与自然界具有相关性，动物体生活在自然环境中，与外界环境之间密切相关，即动物体与自然环境构成一个整体。自然环境的变化可以直接或间接地影响动物体的生理功能。如自然环境急剧变化，动物体不能适应或调节机制失调时，就会导致动物机体与外界环境之间失去平衡，引发疾病。

（二）辨证论治

辨证论治是中兽医学诊察疾病，确定防治措施的基本过程。辨证，就是将四诊所获取的病情资料进行综合分析，以判断为某种性质的"证"的过程。论治，是根据证的性质确定治则和治法的过程。辨证是决定治疗的前提和依据，论治是治疗疾病的手段和方法。

"证"的概念，不同于"病"和"症"。"病"是指有特定的病因、病机、发病形式、发展规律和转归的一个完整病理过程。即疾病的全过程，如感冒、肺炎等。"症"，即症状，是疾病具体的临床表现，如发热、食欲不振等。"证"，是对疾病发展某一阶段病因、病位、病性和邪正关系的综合概括。同时，也为疾病提出了治疗方向。如"脾虚泄泻"证，病位在脾，正邪对比属虚，临床表现为泄泻，病因为湿，指出了治疗方向应是"健脾燥湿"。

辨证论治之所以成为中兽医学的特点之一，是因为辨证论治能够抓住疾病发展不同阶段的本质，针对疾病本质按证治疗。如外感表证，属外感风热者治疗宜辛凉解表，属外感风寒者治疗宜辛温解表，此谓"同病异治"；再如脱肛、虚寒泄泻、子宫脱垂等是不同的病，但均以中气下陷为主证，均可采用补中益气的方法治疗，此谓"异病同治"。

四、学习方法

学习中兽医学，重点要掌握中兽医学理、法、方、药的基本理论和实际操作技能。

1. 理解中兽医学的哲学思想

中兽医学在解释动物生理功能、病理变化、病证防治方法时，借用了一些古代的哲学概念。学习中兽医学，就要理解中兽医学的哲学思想，掌握其认识和分析事物的基本方法。同时，要用唯物辩证法的观点来指导学习。

2. 掌握中兽医学的基本理论

学习中兽医学要以"整体观念"和"辨证论治"为核心，对理、法、方、药及针灸逐步融会贯通，灵活应用。要深刻理解"中西兽医结合"的意义，把中兽医学知识和西兽医学知识结合起来，取长补短。

3. 注重实际操作技能

中兽医学是从临床实践中总结出来的，在理论学习的同时，要结合临床实践，才能加深对中兽医学基本理论的理解，掌握病证防治的实际操作技能。

【职业能力测试】

一、判断题（正确的在括号里画"√"，错误的画"×"）

1. 中兽医学即我国传统的兽医技术。（　　　　）

2. 中兽医学强调治已病。（　　　　）

3. 动物体与外界环境之间无紧密相关性。（　　　　）

4. 辨证是决定治疗的前提和依据。（　　　　）

5. 论治是治疗疾病的手段和方法。（　　　　）

6. "证"的概念与"病"和"症"相同。（　　　　）

二、单项选择题

1. 首先提出"治未病"的以防为主的医疗思想，见于（　　　　）。

A.《伤寒杂病论》　　B.《黄帝内经》　　C.《神农本草经》　　D.《本草纲目》

2. 我国最早的畜牧兽医法规的书籍名为（　　　　）。

A.《内经》　　　　B.《伤寒杂病论》　C.《厩苑律》　　　　D.《新修本草》

3. 我国最早的一部兽医教科书是（　　　　）。

A.《元亨疗马集》　B.《新修本草》　　C.《司牧安骥集》　　D.《肘后备急方》

4. 国内外流传最广的一部中兽医古典著作是（　　　　）。

A.《肘后备急方》　B.《齐民要术》　　C.《痊骥通玄论》　　D.《元亨疗马集》

5. 汉代名医张仲景的《伤寒杂病论》等书，充实和发展了前人的（　　　　）的原则。

A. 脏腑经络　　　　B. 阴阳五行　　　　C. 辨证施治　　　　D. 整体观察

三、填空题

1. 我国最早的一部人兽通用的药学专著是《＿＿＿＿＿＿》，该书收载药物＿＿＿种。

2. 我国在＿＿代由朝廷颁布的《＿＿＿＿＿＿》是世界上最早的一部人兽通用的药典。

3. 中兽医学的基本特点是＿＿＿＿＿＿＿和＿＿＿＿＿＿＿。

4. 中兽医学采用＿＿＿＿＿＿和＿＿＿＿＿＿＿来防治动物疾病。

四、简答题

1. 什么是整体观念，其主要内容是什么？

2. 什么是症、证、病？三者之间关系如何？

项目二　基础理论

任务一　阴阳五行

【学习目标】

（1）明确阴阳五行学说的基本概念。

（2）掌握阴阳五行学说的基本规律及其在中兽医诊疗中的应用。

阴阳五行学说是中国古代的哲学思想，在中兽医学中用来说明动物体的组织结构、生理功能和病理变化，并指导疾病的诊疗和预防，在医疗实践中具有重要的指导意义。

一、阴阳学说

阴阳学说是以对立统一的阴和阳的相对属性及其消长变化来认识自然、解释自然、探求自然规律的一种宇宙观和方法论。

（一）阴阳的基本概念

1. 阴阳的含义

阴阳代表自然界相互关联的事物和现象，它既代表两个相互对立的事物，又代表同一事物内部相互对立的两个方面。寒与热、上与下、动与静、有形与无形为识别阴阳的准则。概括起来，向上的、向外的、运动的、无形的、温热的、明亮的、强壮的属阳；相反，凡是向下的、向内的、静止的、有形的、寒凉的、晦暗的、虚弱的属阴。

2. 阴阳的普遍性和特殊性

阴阳既代表相互对立的事物，又代表同一事物内部相互对立的两方面，这就是阴阳的普遍性。此外，阴阳之间可以相互转化，阴阳还有无限可分性。

（二）阴阳的相互关系

1. 阴阳对立

如动物机能亢奋为阳，抑制为阴，二者互相制约，生理功能才能正常。

2. 阴阳互根

如没有寒就无所谓热。机体的阴精通过阳气的活动产生，而阳气又由阴精化生而来，即阴为体（结构或物质基础），阳为用（功能或机能活动）。

3. 阴阳消长

如机体机能活动（阳）的产生要消耗一定的营养物质（阴），即"阴消阳长"；而营养物质（阴）的化生又要消耗一定的能量（阳），即"阳消阴长"。

5

4.阴阳转化

阴阳双方在一定条件下可以相互转化。如动物外感风寒，出现耳鼻发凉、肌肉颤抖等寒象，若治疗不及时，寒邪入里化火，就会出现口干、舌红等热象。

（三）阴阳学说在中兽医中的应用

1.生理方面

把动物体组织结构用阴阳来概括代表。如腑为阳，脏为阴；动物体的物质有形为阴，功能无形为阳。物质是产生机能活动的源泉，而机能活动，既消耗一定的物质，又补充新的物质，体现了阴阳对立、互根、消长、转化的关系。

在正常情况下，阴阳保持相对的动态平衡，以维持动物体的生理活动，正如《素问·生气通天论》所说："阴平阳秘，精神乃至。"阴阳不能相互为用而分离，精气就会竭绝，动物生命活动也就会停止，就像《素问·生气通天论》中所说的"阴阳离决，精神乃绝"。

2.病理方面

疾病就是阴阳双方失去相对平衡，出现偏盛偏衰的状况。阴阳偏盛为实证，阴阳偏衰为虚证。"阴盛则寒，阳盛则热，阳虚则外寒，阴虚则内热"。如热邪侵犯机体，出现高热，脉象洪数等热证，称为"阳盛则热"。机体阳气不足所致阳虚阴盛的虚寒证，称为"阳虚则外寒"；阴液亏虚所致阴虚阳亢的虚热证，称为"阴虚则内热"。

3.诊断方面

辨别症候的阴阳属性。如口色红、黄、赤紫者为阳，口色白、青、黑者为阴；身热属阳，身寒属阴等。如里证、寒证、虚证属阴证，表证、热证、实证属阳证。

4.治疗方面

总的原则就是去其有余，补其不足，恢复阴阳的平衡，如"寒者热之，热者寒之，虚者补之，实者泻之"。此外，还用于指导临诊用药。药性寒凉，药味酸、苦、咸，作用趋向沉降者属阴；药性温热，药味辛、甘，作用趋向升浮者属阳。

5.预防方面

动物体与外界环境密切相关，其阴阳必须适应四时阴阳的变化，否则就会发生疾病。因此，加强饲养管理，增强动物体的适应能力，就可以预防疾病的发生。

二、五行学说

五行学说是以木、火、土、金、水五种物质的特性及其相生相克规律来认识世界，解释世界和探求宇宙规律的一种世界观和方法论。

（一）五行的基本概念

五行指木、火、土、金、水五种物质的运动和变化。

（二）五行的基本内容

1.五行的特性

木具有生长、升发的性质；火性炎上，即炎热、向上；土能化生万物，为万物之母；金可铸成器物，金同时具有肃杀、收敛的性质；水滋润万物，具有向下、闭藏的性质。

2. 五行的归类

事物的五行属性可运用归类和推演的方法阐述，如表2-1所示。

表2-1　五行归类简表

自　　然　　界						五行	动　　物　　体				
五方	五季	五气	五化	五色	五味		五脏	五腑	五体	五窍	五脉
东	春	风	生	青	酸	木	肝	胆	筋	目	弦
南	夏	暑	长	赤	苦	火	心	小肠	脉	舌	洪
中	长夏	湿	化	黄	甘	土	脾	胃	肉	口	缓
西	秋	燥	收	白	辛	金	肺	大肠	毛	鼻	浮
北	冬	寒	藏	黑	咸	水	肾	膀胱	骨	耳	沉

3. 五行的相互关系

（1）五行相生。

五行相生是指五行之间存在着有序的资生、助长和促进的关系，借以说明事物间有相互协调的一面。次序如下：木 生→ 火 生→ 土 生→ 金 生→ 水 生→ 木。

在五行的相生关系中，生我者为母，我生者为子。

（2）五行相克。

五行相克是指五行之间存在着有序的克制和制约关系，借以说明事物间相颉颃的一面。次序为：木 克→ 土 克→ 水 克→ 火 克→ 金 克→ 木。

在相克关系中，我克者为我"所胜"，克我者为我"所不胜"。

（3）五行相乘。

五行相乘是指五行中某一行对其所胜一行的过度克制，即相克太过，是事物间关系失去相对平衡的另一种表现。次序为：木 乘→ 土 乘→ 水 乘→ 火 乘→ 金 乘→ 木。

（4）五行相侮。

五行相侮是指五行中某一行对其所不胜一行的反向克制，即反克，是事物间关系失去相对平衡的另一种表现。次序为：木 侮→ 金 侮→ 火 侮→ 水 侮→ 土 侮→ 木。

（三）五行学说在中兽医中的应用

1. 生理方面

说明脏腑组织器官之间相互滋生和制约的关系。如脾能滋生肺（土生金），肝能制约脾（木克土），心火可助脾土运化（火生土）等。

2. 病理方面

说明疾病的发生及传变规律。母病及子，如肝病传心等；子病犯母，如脾病传心等；相乘为病，如肝病传脾（肝克脾）等；相侮为病，如肝病传肺（木侮金）等。

3. 临诊治疗

当脏腑发生疾病时就会表现出色泽、形态、脉象等方面的变化，据此可以对疾病进行诊断。中兽医利用五行学说提出了"虚则补其母，实则泻其子"的治疗原则。如扶土抑木（疏肝健脾），培土生金（健脾益肺），滋水涵木（滋肾养肝）等。

【职业能力测试】

一、判断题（正确的在括号里画"√"，错误的画"×"）

1. 阴阳是指相互关联又相互对立的两种事物或现象。（　　　）

2. 正常的情况下，阴阳保持相对的动态平衡，以维持动物体的生理活动。（　　　）

3. 疾病就是阴阳失去相对平衡，出现偏盛或偏衰的状态。（　　　）

4. 正气是指机体的机能活动和对病邪的抵抗力。（　　　）

5. 邪气是指各种致病因素。（　　　）

6. 动物体的阴阳必须适应四时阴阳的变化，否则便易引起疾病。（　　　）

二、单项选择题

1. 下列选项属于阳的是（　　　）。

A. 功能的　　　B. 抑制的　　　　C. 有形的　　　D. 静止的

2. 肝病传脾属于（　　　）。

A. 子病犯母　B. 母病及子　　　C. 相乘　　　　D. 相侮

3. （　　　）是根据五行相生规律制定的。

A. 佐金平木　B. 培土制水　　　C. 扶土抑木　　D. 培土生金

4. 阴阳所代表的事物或现象，必须是（　　　）的，否则就失去意义。

A. 相生相克　B. 相互关联　　　C. 无相关联　　D. 相乘相侮

5. （　　　）是运用阴阳学说所确定的治疗原则。

A. 热者寒之　B. 阴虚则内热　　C. 阳盛则热　　D. 阴盛则寒

6. （　　　）属木。

A. 心　　　　B. 肺　　　　　　C. 肝　　　　　D. 脾

三、填空题

1. 阴阳变化的基本规律是_____、_____、_____、_____。

2. 相克太过就是_____，反克就是_____。

3. 木生____，木克____，肝属木，肾属____。

4. 表证、_____、实证属阳证，_____、寒证、_____属阴证。

5. 依据阴阳的属性，脏为____，腑为____；物质为____，功能为____。

6. 虚则补其____，实则泻其____；相克太过要____，相克不及要扶弱。

四、简答题

阴阳学说所确定的治疗原则有哪些？

任务二　脏　腑

【学习目标】

（1）理解中兽医学的"脏腑"与现代兽医学"脏器"的区别。

（2）重点掌握脏腑的生理功能及其与躯体官窍的关系。

脏腑，指内脏及其功能的总称。古人谓"藏象"，指脏腑的生理和病理变化反映于体表以及五官九窍的征象。通过诊察体表及征象的变化来判断脏腑是否有病，即"察其外而知其内"。脏腑分为五脏、六腑和奇恒之腑。

五脏，指心、肺、肝、脾、肾，加上心包，习惯上仍称五脏。五脏的共同生理特点是"藏精气而不泻"。六腑，指小肠、大肠、胆、胃、膀胱、三焦，其中，三焦包括上焦（即心肺，司呼吸主血脉）、中焦（即脾胃，主腐熟水谷）和下焦（即肝、肾、小肠等，分别清浊）。六腑的共同生理功能是传化水谷，泻而不藏。奇恒之腑，包括脑、髓、骨、脉、胆和胞宫（即子宫）。

中兽医学中的脏腑学说体现整体观念，认为动物体是以五脏为核心的整体。某个脏腑的生理、病理都不是单一器官的变化，而是整个功能系统甚至整体的变化。中兽医学所说的脏腑不同于解剖学的组织器官，不能把它与现代医学中脏器的概念等同看待。

一、脏腑功能

（一）心与小肠

1. 心

心是机体生命活动的中心，心与小肠相表里。

（1）心主血脉。是指心推动血液在脉管内运行，营养全身。心的功能正常与否，可以从脉象、口色上体现出来。

（2）心藏神。是指心主宰精神活动。血是精神活动的物质基础，心血充盈，心神得养，则动物"皮毛光彩精神倍"；心血不足，神不能安藏，则会出现活动异常或惊恐不安等。

（3）心主汗，开窍于舌。"血汗同源"，"汗为心之液"，出汗异常与心有关。舌为心之苗，心的生理功能及病理变化最易在舌上反映出来。通过看舌体和颜色，判断心的功能是否正常。心血充足，则舌体柔软红润，活动自如；心经有热，则舌质红绛，口舌生疮。

2. 小肠

小肠的主要功能是受盛化物，分别清浊。小肠接受由胃传来的水谷，消化吸收，分别清浊。清者为水谷精微，由脾传输到身体各部，以供机体活动之需；浊者为糟粕和多余水液，下注于大肠和肾，通过二便排出体外。小肠有病，除了影响运化，亦见粪尿异常。

（二）肺与大肠

1. 肺

肺为娇脏，易受邪气侵犯。肺与大肠相表里。

（1）肺主气，司呼吸。是指肺主一身之气和呼吸之气，肺为体内外气体交换的场所。全身之气均由肺所生，与宗气的生成有关，宗气维持肺的呼吸功能和推动血液运行，同时宣发到全身，故有"肺朝百脉"之说。肺主气的功能正常，则呼吸均匀；若病邪犯肺，则可出现咳嗽、气喘、流涕等症状；若肺气虚，可出现倦怠无力、气短、自汗等。

（2）肺主宣降。宣发，是指将浊气呼出体外，将脾转输到肺的水谷精微之气布散全身，外达皮毛，宣发卫气，温养肌表，司腠理开合。肃降，是指吸入自然界清气，将水谷精微向下布散全身，并将代谢产物和多余水液下输于肾和膀胱，排出体外，保持呼吸道的清洁。

肺不宣降，则见胸满、呼吸不畅、咳嗽、气喘、皮毛焦枯等症状。

（3）通调水道。通调水道是指肺对水液的输布、运行和排泄有疏通及调节作用。

（4）肺主一身之表，外合皮毛，开窍于鼻。一身之表，也称皮毛，包括皮肤、汗孔、被毛等组织，是机体抵御外邪侵袭的外部屏障，与抗病力有关。肺经有病可以反映于皮毛，而皮毛受邪也可传至肺。鼻为肺窍，司呼吸和主嗅觉。肺气正常，则鼻窍通利，嗅觉灵敏；如肺气不宣，多见鼻塞流涕，嗅觉不灵敏等；肺受风热之邪，则见鼻流黄浊脓涕等。

2. 大肠

其主要功能是传化糟粕，即接受小肠下传的水谷残渣和浊物，吸收部分水液，燥化成粪，由肛门排出体外。大肠有病，可见传导失常的症状，如便秘、泄泻等。

（三）脾与胃

1. 脾

脾与胃相表里，为后天之本。"脾喜燥恶湿，胃喜湿恶燥"。

（1）脾主运化。指脾有消化、吸收、运输营养物质和水湿的功能。主要运化水谷精微和运化水湿。脾的运化功能正常称为"健运"，全身各脏腑组织得到充分的营养以维持正常的生命活动。脾失健运，就会出现腹胀、腹泻、精神倦怠、消瘦、营养不良等。脾的功能特点是"脾主升清"，即维系内脏正常位置。脾气不升，则出现脱肛、子宫垂脱等症。

（2）脾主统血。指脾统摄血液在脉中正常运行而不溢出脉外。若脾气虚，气不摄血，就会引起各种出血性疾患，如便血、尿血、子宫出血等。

（3）脾主肌肉四肢。脾可为肌肉四肢提供营养，以确保其生长发育，健壮有力和正常发挥功能。脾气健运，则肌肉丰满有力，否则就肌肉痿软，动物消瘦。

（4）脾开窍于口。脾气与食欲有着直接联系。脾气健运，则食欲正常，口唇红润光泽；脾失健运，则食欲不振，唇淡无光；脾有湿热，则口唇红肿；脾经热毒上攻，则口唇生疮。

2. 胃

其主要功能是受纳和腐熟水谷，常称"胃气"。胃气以和降为顺。若胃气不降，就会出现食欲不振、肚腹胀满、嗳气、呕吐等。胃气的强弱，对于动物体的强健与否以及疾病的预后判断都至关重要，故有"有胃气则生，无胃气则死"之说。

（四）肝与胆

1. 肝

肝与胆相表里。肝性喜条达而恶抑郁。

（1）肝藏血。指肝有贮藏血液和调节循环血量的功能。肝藏血以供机体活动所需。肝血不足，血不养目，则发生目眩、目盲、肝火、肝风等；肝不藏血，则可引起动物不安或出血。

（2）肝主疏泄。指肝有保持全身气机疏通调达的功能。其疏泄正常可助脾胃运化，调畅气血运行，通调水液代谢。肝失疏泄，则可引起黄疸、食欲减退、肚胀、水肿等。

（3）肝主筋，开窍于目。是指肝为筋提供营养，以维持其正常的功能，肝的功能正常与否，可在目上得到反映。肝血充足，则动物活动自如，双目有神，视物清晰。若肝血不足，血不养筋，可出现四肢拘急、伸屈不灵，以及四肢抽搐、角弓反张、牙关紧闭等肝风内动之证，两眼干涩，视物不清；肝经风热，则目赤痒痛，流泪生眵；肝火上炎，则目赤肿痛生翳。"爪为筋之余"，爪、甲、蹄的荣枯，与肝血的盛衰有关。

2.胆

其主要功能是贮藏和排泄胆汁，以助脾胃运化。常肝胆同病，在治疗上肝胆同治。

（五）肾与膀胱

1.肾

肾为先于之本，肾与膀胱相表里。

（1）肾藏精。肾所藏之精，包括先天之精和后天之精。先天之精是构成生命的基本物质，它禀受于父母，与机体的生长、发育、生殖、衰老都有密切关系。后天之精，即水谷之精，是维持机体生命活动的物质基础。肾精不足，易引起阳痿、滑精、精亏不孕等症。

（2）肾主水。指肾在机体水液代谢过程中的升清降浊功能。动物体内的水液代谢是由肺、脾、肾三脏共同完成。若肾阳不足，会出现水肿、腹水、胸水等。

（3）肾主纳气。是指肾有摄纳呼吸之气，协助肺司呼吸的功能，吸入之气必须下纳于肾，呼吸才能均匀调和。若肾虚，纳气失常，就会出现呼多吸少、吸气困难的喘息。

（4）肾主骨，生髓，通于脑。肾所藏之精有促进骨骼代谢，滋生和充养骨髓及大脑的功能。血液的生成则根于肾所藏之精。"齿为骨之余"，"发为血之余"。若肾精充足，则髓生化有源，骨得髓的滋养而强健有力，牙齿坚固，被毛光亮；若肾精亏虚，则髓的生化之源不足，不能充养骨骼，骨骼必发育不良，牙齿松动、脱落，被毛枯槁。

（5）肾司二阴，开窍于耳。肾司二阴，即前阴和后阴。前阴有排尿和生殖的功能，后阴有排粪便的功能。若肾阳不足，则多见尿频、阳痿等；若脾肾阳虚，则导致粪便溏泻。肾精充足，则听觉灵敏。若肾精不足，可引起耳鸣，听力减退。

2.膀胱

其主要功能是潴留和排泄尿液，称为"气化"。

二、脏腑之间的关系

脏与腑之间存在着阴阳、表里的关系。脏在里，属阴；腑在表，属阳。脏与脏之间、脏与腑之间在生理和病理上相互联系、相互影响。腑与腑之间主要是传化物的关系。

任务三　气血津液

【学习目标】

（1）理解气、血、津液的概念。

（2）初步掌握气、血、津液的生成、功能及其相互之间的关系。

气、血、津液是构成和维持动物机体生命活动的基本物质。它们通过动物脏腑的功能活动生成，而脏腑功能活动又必须靠气、血、津液作为物质基础。

一、气

中兽医学所说的气概括起来有两种含义：一是构成和维持动物体生命活动的基本物质，如水谷之精气、卫气等；二是指脏腑组织的生理功能，如脏腑之气等。

1.气的生成

一是来源于父母的先天之精气，即先天之气，藏于肾；二是肺吸入的清气和脾胃运化的水谷之精气，即后天之气。

2.气的运动和运动形式

气的运动称"气机"，有升、降、出、入四种。如脾将水谷精微上输于肺为升；胃将腐熟后的水谷下传于小肠为降；肺呼出浊气为出；吸入清气为入。

3.气的分类与功能

（1）元气。由先天之精所化生，藏于肾，是生命活动的原始物质及其生化的原动力，有激发与推动脏腑组织器官的功能。元气充足，则身体强健少病；元气不足，必体弱多病。

（2）宗气。由脾胃所运化的水谷精微之气和肺所吸入的自然界清气结合而成，聚于胸中。有助肺司呼吸和心行血脉。宗气不足，则呼吸少气、心气虚弱、血脉凝滞等。

（3）营气。是宗气贯入血脉中的营养之气，为血液的组成部分，并随血液运行周身。营气能化生为血，还有营养全身的作用。

（4）卫气。是宗气行于脉外之气，又称"卫阳"。卫气在内温养脏腑，在外布于肌表，润泽皮毛，温养腠理，启闭汗孔，抗御外邪。卫气不足，则肌表不固，外邪就可乘虚而入。

常见气病主要有气虚、气滞、气逆、气陷。

二、血

血是一种含有营气的红色液体。它依靠气的推动流注全身，是构成动物体和维持生命活动的重要物质。

1.血的生成

一是来源于水谷精微，因此，脾胃是血液的生化之源；二是营气贯注于心脉，参与血的构成；三是由肾精转化而来。

2.血的功能

血能营养和滋润全身。血液充盈，则口色红润，皮毛光亮，肌肉丰满，精神活动正常等；血液不足，则口色淡白，肌肉消瘦，皮毛枯槁，精神紊乱等。

常见血病有血虚、血热、血瘀、出血。

三、津液

津液是动物体内一切正常水液的总称。清而稀者为津，浊而稠者为液。

1. 津液的生成

津液由水谷所化生。水谷经脾胃的运化，再经三焦的气化作用，变成津液，其中一部分随卫气的运行而敷布于体表、皮肤、肌肉等组织间，这就是津；另一部分注入经脉，随血液灌注脏腑、骨髓、脑髓、关节、五官等处，称为液。

2. 津液的输布排泄

津液随气血输布全身，发挥滋养作用，剩余部分通过汗、尿等排出体外。津液的输布和排泄是依靠脾、肺、肾、膀胱等脏腑的协调作用而完成的。

3. 津液的功能

津液有滋润、濡养作用，如滋养皮毛、肌肉、五脏六腑，滑利关节，润泽孔窍，也能进入脉中补充血液。概括起来，津液能调节机体的阴阳平衡，排泄废物。

常见津液病有津液不足和水湿内停两类。

四、气血津液之间的关系

气血津液之间存在着相互依存、相互转化和相互为用的关系。气能生血，气旺则血旺，气虚则血虚；气能行血，气行则血行，气滞则血瘀；气能摄血，血能载气。气能生津（液），气能行津（液）；气能摄津（液），即指气有固摄津液以控制其排泄的作用；津（液）以载气。津液和血来源相同。如出血过多则耗血伤津；而伤津脱液，可引起津枯血燥。

任务四　经　络

【学习目标】

（1）理解经络的基本概念。

（2）初步掌握经络在生理、病理、诊断、治疗方面的应用。

经络学说，是研究动物体经络系统的生理功能、病理变化及其与脏腑相互关系的学说，是中兽医学理论的重要组成部分。其对于辨证、用药、针灸治疗，都具有重要的指导意义。

一、经络的基本概念

（一）经络的含义

经络是动物体内经脉和络脉的总称，是机体联络脏腑、沟通内外、运行气血、调节功能的通路，是动物体组织结构的重要组成部分。

（二）经络的组成

经络系统主要由四部分组成，即经脉、络脉、内属脏腑部分和外连体表部分。

1.经脉

经脉是经络系统的主干，经脉包括十二经脉、十二经别、奇经八脉。十二经脉，内属脏腑，外连肢节；十二经别，从经脉分出，复合于经脉；奇经八脉，为别道奇行的经脉分支。

2.络脉

络脉是经脉的分支，有别络、浮络、孙络之分。别络是络脉的较大分支；浮络是浮行于浅表部位的络脉；孙络是络脉中最细小的分支，其功能是蓄积卫气以抗御外邪。

3.内属脏腑部分

连接脏腑，同经脉和部分络脉相连属。

4.外连体表部分

包括十二经筋和十二皮部。十二经筋分布于筋肉、体表；十二皮部为皮肤部分。

（三）十二经脉

1.十二经脉的命名

十二经脉的名称是根据循行部位、阴阳属性和联系的脏腑来命名的。每一经脉的名称包括前肢或后肢、阴或阳、脏或腑三个部分。行于四肢内侧者为阴经，属脏；行于四肢外侧者为阳经，属腑。每一肢有内和外两个侧面，每一侧面有三条经脉分布，每一前肢和每一后肢各有三条阴经和三条阳经。十二经脉命名见表2-2。

表2-2　十二经脉命名

循行部位		阴经（属脏）	阳经（属腑）
前肢	前缘 中线 后缘	太阴肺经 厥阴心包经 少阴心经	阳明大肠经 少阳三焦经 太阳小肠经
后肢	前缘 中线 后缘	太阴脾经 厥阴肝经 少阴肾经	阳明胃经 少阳胆经 太阳膀胱经

2.十二经脉的循行路线

前肢三阴经，从胸腔开始，经前肢内侧走向前肢末端；前肢三阳经从前肢末端开始，经前肢外侧走向头部；后肢三阳经从头部开始，经后肢外侧走向后肢末端；后肢三阴经从后肢末端开始，过后肢内侧经腹达胸。

二、经络的主要作用

1.生理方面

经络能运行气血，通达动物全身，协调脏腑功能，调节机体防卫机能。

2. 病理方面

经络能传导病邪和反映病变，病邪或病变可以在脏腑之间互相传变，互为表里的脏腑在病理上常相互影响。脏腑有病，会通过经络反映于体表的一定部位或相应的孔窍。如肝火常上炎至目，则目赤肿痛等。

3. 治疗方面

经络能传递药物的治疗作用，也能感受和传导针灸的刺激作用。如黄连入心经而清心火，针灸后海穴可治泄泻等病证。

【职业能力测试】

一、判断题（正确的在括号里画"√"，错误的画"×"）

1. 中兽医学通过外部观察体表征象的变化，来判断内部脏腑是否有病。（　　）

2. 五脏即心、肝、脾、胃、胆。（　　）

3. 脏腑学说是指脏腑的生理活动和病理变化反映于体表以及五官九窍的征象。

（　　）

4. 肺开窍于鼻。（　　）

5. 脾气虚弱，统摄乏力，气不摄血，就会引起各种出血性疾患。（　　）

6. 胃的受纳和腐熟水谷的功能，称为胃气。（　　）

7. 脾胃为先天之本，肾为后天之本。（　　）

8. 若肝血不足，血不养筋，可出现四肢拘急或萎弱无力、伸屈不利等。（　　）

9. 脾的运化功能健旺，称为脾主升清。（　　）

10. 胃气不降，便会发生食欲不振、肚腹胀满等情况。（　　）

11. 气是构成和维持动物体生命活动的基本物质。（　　）

12. 营气是宗气贯入血脉中的营养之气。（　　）

13. 卫气是宗气行于脉外的部分。（　　）

14. 宗气有助肺司呼吸和助心行血脉的作用。（　　）

15. 卫气无护卫肌表作用。（　　）

16. 每一经脉的名称包括前肢或后肢、阴或阳、脏或腑三个部分。（　　）

17. 经络能运行气血。（　　）

18. 经络不能调节防卫机能。（　　）

19. 脏腑有病，会通过经络反映于相应的部分和孔窍。（　　）

20. 脏腑之间不靠经脉相互沟通联系，病邪不能在脏腑之间互相传变。（　　）

二、单项选择题

1. 下列哪一项是脾的功能？（　　）

A. 藏神　　　　B. 主运化　　　　C. 主疏泄　　　　D. 司呼吸

2. 下列哪一项不是肝的功能？（　　）

A. 主筋　　　　B. 开窍于口　　　　C. 协助脾胃运化　　　　D. 调节精神活动

3. （　　）主骨，生髓，通于脑。

A. 肺　　　　B. 脾　　　　C. 肾　　　　D. 心

4. （　　）主一身之表，外合皮毛。

A. 心　　　　　　B. 肝　　　　　　C. 肺　　　　　　D. 肾

5. 三焦是上焦、中焦、下焦的总称，中焦主要包括（　　）。

A. 脾、胃　　　　B. 心、肺　　　　C. 肝、胆　　　　D. 肾、膀胱

6. （　　）包括主呼吸之气和主一身之气。

A. 脾主肌肉　　　B. 肝藏血　　　　C. 心主血脉　　　D. 肺主气

7. 下列关于脾、胃功能特点的描述中，错误的是（　　）。

A. 脾主升清　　　　　　　　　　　B. 脾喜条达而恶抑郁

C. 胃喜湿恶燥，脾喜燥恶湿　　　　D. 胃气以和降为顺

8. 胃的主要功能是（　　）。

A. 受纳腐熟水谷　B. 贮藏和排泄胆汁　C. 传化糟粕　　　D. 贮藏和排泄尿液

9. （　　）的主要功能是受盛化物，分别清浊。

A. 胆　　　　　　B. 膀胱　　　　　C. 大肠　　　　　D. 小肠

10. （　　）与机体的生长、发育、生殖、衰老密切相关。

A. 肾开窍于耳　　B. 肾主纳气　　　C. 肾藏精　　　　D. 肾主水

11. 元气根源于（　　）。

A. 肺　　　　　　B. 心　　　　　　C. 肾　　　　　　D. 肝

12. 水谷精气与吸入清气生成（　　）。

A. 卫气　　　　　B. 营气　　　　　C. 宗气　　　　　D. 元气

13. 前肢太阴经络所属的脏腑是（　　）。

A. 肺　　　　　　B. 脾　　　　　　C. 肾　　　　　　D. 小肠

14. 经络在生理方面的作用，不包括（　　）。

A. 运行气血　　　B. 协调脏腑功能　C. 反映病变　　　D. 调节防卫机能

三、填空题

1. 六脏是指____、____、____、____、____和____。

2. 奇恒之腑指____、____、____、____、____和____。

3. 脾失健运，会出现_____、_____、_____等症状。

4. 心的主要功能有_____、_____、_____等。

5. 脾主运化包括_____和_____。

6. 常见的气病有_____、_____、_____等。

7. 常见的血病有_____、_____、_____、_____等。

8. 气为血之____，血为气之____，气行则血____，气滞则血____。

9. 经络系统由_____、_____、内属_____部分和外联_____组成。

10. 经络在病理方面，能传导_____，反映_____。

四、简答题

1. 五脏和六腑的共同生理功能有哪些？

2. 肝、肾、肺、脾的主要功能有哪些？

3. 经络在治疗方面有何作用？

任务五　病　因

【学习目标】

（1）了解病因的基本概念。

（2）初步掌握外感、内伤及其他致病因素的致病特点。

病因，即动物疾病发生的原因，又称为致病因素，中兽医学亦称为邪气。疾病的发生发展是"正邪相争"的结果。中兽医学将病因分为外感致病因素、内伤和其他致病因素。

中兽医学把动物机体各脏腑组织器官的机能活动，及其对外界环境的适应能力和对致病因素的抵抗力称为"正气"；把所有致病因素称为"邪气"。分析疾病的症候，寻找、认定病因的过程，称为"辨证求因"，依据病因确定治疗原则，称为"审因论治"。

一、外感致病因素

外感致病因素包括六淫和疫疠。

（一）六淫

自然界一年四季的风、寒、暑、湿、燥、火（火为热之极）六种气候变化，称为六气。当六气成为致病因素，侵犯动物体而导致疾病的发生，称为"六淫"。

1. 六淫致病的共同特点

（1）外感性。六淫之邪多从肌表、口鼻侵犯动物体而发病，六淫所致之病称为外感病。

（2）季节性。六淫致病有明显的季节性。如春季多风病、温病，夏季多暑病，长夏多湿病，秋季多燥病，冬季多寒病。但六淫致病的季节性也不是绝对的，如夏季也可见寒病等。

（3）兼挟性。六淫邪气既可以单独侵袭机体而发病，又可以两种或两种以上同时侵犯机体而发病。如外感风寒、湿热、风湿等。

（4）转化性。六淫致病，其症候在一定条件下可以相互转化。如表寒证转为里热证。

2. 六淫的性质及致病特点

（1）风邪。风为春天主气，但四季均有。风邪多从皮毛肌腠侵入机体而发病，其他邪气也常依附于风邪入侵机体，故有"风为百病之长""风为六淫之首"之说。

①风为阳邪，轻扬开泄。风具有向上、向外、善动的特性，故为阳邪。风性轻扬开泄，指风邪易侵犯动物机体的上部和肌表，使皮毛腠理疏泄开张，出现汗出、恶风的症状。

②风性善行而数变。是指风有善动的特性，风邪致病有游走不定，变化无常和发病

17

急、变化快的特点。

③风性主动。指风邪致病有摇动的症状。如四肢抽搐，不由自主地划动，肌肉震颤、颈部强直、角弓反张等。正如《素问·阴阳应象大论》所说："风胜主动。"

（2）寒邪。寒为冬天主气，但四季皆有。

①寒为阴邪，易伤阳气。寒邪最易伤机体的阳气，出现阴寒偏盛的寒象。如寒邪外束，卫阳受损，可见恶寒怕冷、皮紧毛乍等症状。

②寒性凝滞主痛。若寒邪侵袭机体，可导致气滞血瘀而痛，即所谓"不通则痛"。如寒邪伤表，营卫凝滞，则肢体疼痛；寒邪直中肠胃，气血凝滞不通，则肚腹冷痛。

③寒性收引。寒邪可使机体气机收敛，腠理、经络等收缩，出现恶寒、无汗、脉紧等。

（3）暑邪。暑为夏天主气，属阳邪、外邪。

①暑性炎热，易致发热。伤于暑者，常见高热、口渴、汗多、脉洪等热象。

②暑性升散，易耗气伤津。暑邪侵入机体，多直入气分，使腠理开泄而汗出。汗出过多，必耗伤津液。伤津则伤气，导致气津两伤，出现倦怠无力等。严重者可扰及心神。

③暑多挟湿。炎热季节多雨潮湿，出现湿邪困脾的症状，如身体倦怠、便溏泄泻等。

（4）湿邪。湿为长夏主气，属阴邪。

①湿郁气机，易伤脾胃。湿邪伤及脾，脾不运湿，会出现水肿、泄泻、肚腹胀痛等。

②湿性重浊，其性趋下。湿邪致病，常见肢体沉重、倦怠无力；分泌物、排泄物秽浊不清，如泻痢脓垢、淋浊等。湿邪致病，其侵害部位多先起于肢体下部。

③湿性黏滞。湿邪致病常缠绵不退，难愈。如粪便黏滞，尿淋漓，风湿久治不愈等。

（5）燥邪。燥为秋天主气。燥性干燥。

①燥易伤津。燥邪容易耗伤津液。常见口鼻干燥、粪干尿少等。

②燥易伤肺。燥邪伤肺，常见干咳、鼻液黏稠、鼻衄等。

（6）火邪。火为热之极。

①火性炎上。火邪为病，常见高热口渴、躁动不安、粪干尿短、脉象洪数等热象。火邪致病，症状多表现在机体的上部，如心火上炎则口舌生疮，肝火上炎则目赤肿痛等。

②火邪易伤津动血。火邪最易耗伤津液和灼伤脉络，迫血妄行。常见口渴喜饮、粪干尿短、发癍、衄血、便血等。实火多由外感热邪或其他邪入里化火所致，虚火多由内而生。

（二）疫疠

疫，指瘟疫；疠，指天地间不正之气。疫疠，指有强烈传染性的邪气，如病毒、细菌等。疫疠的发生和流行，取决于动物正气的强弱及疫疠之气的毒力、季节、气候和环境。

疫疠的防治。一要加强饲养管理，搞好环境卫生，增强动物体质；二要定期预防接种；三要及时发现染疫动物，及早隔离，妥善处理病死动物的尸体，及时控制疫疠的传播。

二、内伤

内伤，是由于饲养管理不当所致。内伤因素包括四个方面。

1. 饥伤

饥伤指由于饥渴而引起的疾病。饥伤导致动物营养不足，临床表现为体瘦无力、毛焦欣吊、倦怠好卧、生长迟缓、发育不良、生产性能下降等。

2. 饱伤

饱伤指饮喂过甚所致的病症。若饮喂失调，水草过甚，或乘饥渴而暴饮暴食，超过胃肠的受纳和传送能力，就会损伤胃肠，出现肚腹鼓胀、嗳气酸臭、气促喘粗等。

3. 劳伤

劳伤指劳役过度或使役不当所引起的病症。古有"劳伤心，役伤肝"之说。劳役之伤常见精神短少、体瘦毛焦、四肢倦怠、力衰筋乏等。

4. 逸伤

逸伤指动物久不使役或缺乏运动所引起的病症。临床表现为食欲不振、体力下降、腰肢软弱，抗御病邪的能力降低，种畜繁殖能力下降等。

三、其他致病因素

1. 外伤性致病因素

常见的外伤性致病因素有创伤、挫伤、烫火伤及虫兽伤等。饲养管理和临床诊疗中要避免动物受外伤。

2. 寄生虫侵袭

寄生虫有内寄生虫和外寄生虫。寄生虫常有血吸虫、绦虫、线虫、虱、蜱、螨等。临床上要定期驱杀体内寄生虫和体外寄生虫。

3. 中毒

有毒物质进入动物体内，引起脏腑功能失调及组织损伤，称为中毒。常见的毒物有有毒植物，腐败、霉烂的草料，以及使用不当的治疗药物等。

四、病机

病机，即疾病发生、发展和变化的机理。

1. 正邪消长

正气旺盛，邪气就不容易侵入，动物就不会发病，即所谓"正气存内，邪不可干"；只有当动物体正气虚弱，不足以抗御外邪时，邪气才能乘虚而入，使动物发病，即所谓"邪之所凑，其气必虚"。

2. 升降失常

动物体各脏腑的机能活动都有一定的形式。如脾气不升而降，就会出现泄泻、脱垂之证；若肺失肃降，则咳嗽、气喘；若肾不纳气，则喘息、气短、呼多吸少等。

3. 阴阳失调

动物机体阴阳保持相对平衡，就能维持正常的生命活动。阴阳的相对平衡遭到破坏，就会发生疾病。

【职业能力测试】

一、判断题（正确的在括号里画"√"，错误的画"×"）

1. 加强饲养管理，保住正气，有利于疾病的防治。（　　　）

2. 风为百病之长，风为六淫之首。（　　　）

3. 火邪易伤津，火证常见寒象。（　　　）

4. 寒性凝滞，易致疼痛；暑性炎热，易致发热。（　　　）

5. 湿邪致病，其分泌物及排泄物有秽浊不清的特点。（　　　）

6. 疫疬是指无强烈传染性的邪气。（　　　）

二、填空题

1. 外感致病因素包括＿＿＿＿＿＿和＿＿＿＿＿＿。

2. 六淫致病的特点是＿＿＿＿、兼挟性、＿＿＿＿、＿＿＿＿。

3. 内伤有＿＿＿＿、饱伤、＿＿＿＿和＿＿＿＿。

4. 其他致病因素有＿＿＿＿致病因素、＿＿＿＿和＿＿＿＿。

5. 风邪致病也具有类似摇动的症状，如肌肉颤动、＿＿＿＿和＿＿＿＿等。

6. 燥易伤＿＿＿，湿易困＿＿＿，寒易伤＿＿＿。

三、单项选择题

1. 风、寒、暑、湿、燥、火六种异常气候成为致病因素，称为（　　　）。
   A. 六淫　　　　　B. 六气　　　　　C. 内伤　　　　　D. 外伤

2. （　　　）是指风易使皮毛腠理疏泄开张，出现汗出、恶风等症状。
   A. 重浊　　　　　B. 主动　　　　　C. 轻扬开泄　　　D. 善行数变

3. 最易致疼痛的是（　　　）。
   A. 暑邪　　　　　B. 燥邪　　　　　C. 风邪　　　　　D. 寒邪

4. 其性重浊的邪气是（　　　）。
   A. 暑邪　　　　　B. 湿邪　　　　　C. 寄生虫　　　　D. 燥邪

5. 有季节性，又不受季节限制，为外感病先导的是（　　　）。
   A. 寒邪　　　　　B. 内伤　　　　　C. 风邪　　　　　D. 外伤

6. （　　　）为疫疬。
   A. 暑邪　　　　　B. 燥邪　　　　　C. 病毒　　　　　D. 中暑

四、简答题

1. 风邪的性质和致病特点有哪些？

2. 火邪致病的症状有哪些？

3. 如何预防疫疬？

项目三　常用中草药及方剂

【学习目标】

（1）熟悉中草药的采集、贮存、加工、炮制等方法。

（2）掌握中药的四气、五味、升降浮沉、归经等基本性能。

（3）掌握方剂的组成、配伍、剂型、剂量及用法。

（4）理解各类中药的概念、共性及使用注意事项。

（5）掌握常用中药的性味、功效、主治及在畜牧兽医生产中的应用；重点掌握200味常用中药的功效与应用。

（6）明确各类常用方剂的组成、功效、主治及加减应用；重点掌握50副代表方剂的组方、主证及临诊应用。

中药，是指在中兽医理论指导下，用于预防和治疗动物疾病或调整动物生理机能的物质，又称中草药。中药主要来源于天然的植物、动物、矿物及部分加工品。方剂是单味或若干味药物按一定配伍原则组成和按一定调制方法制成的药剂。

任务一　中草药的采集与贮藏

中草药的采集是指对植物、动物和矿物的药用部分进行采摘、挖掘和收集。中草药的采集、加工和贮藏是否合理，直接影响药材的质量和疗效。

1.药材生长环境

天然中药材的分布多具有一定的地域性，其有效成分与生长环境有着密切的关系。"道地药材"，是指产地适宜、品种优良、产量丰富、炮制考究、疗效突出，带有明显地域特点的药材。如广西的肉桂，四川的黄连，广东的金钱草等。

2.采收时机

中药的采收，应该在其有效成分含量最高时进行。

（1）全草类。多在植物充分生长，枝叶茂盛的花前期或初花期时采收。有的需整株拔起，如车前草、蒲公英等；有的需割取植株的地上部分，如益母草、穿心莲等。

（2）叶类。多在花将开放或正在盛开的时候采摘。如霜桑叶，在秋末冬初经霜冻后采收较佳。

（3）花类。一般是在花含苞欲放时或刚开时分批采摘。采摘过迟则香气失散、花瓣散落和变色，都会影响药物质量。花粉类药材则于花朵盛开时采收。

（4）果实和种子类。多在果实成熟后或即将成熟时采收，如陈皮、车前子、王不留行等。

（5）根和根茎类。一般在秋末春初采集。

（6）树皮和根皮类。树皮多在春夏之交时采收；根皮多在秋季采收，如桑白皮等。

（7）菌、藻、孢粉类。如茯苓多于7~9月采收，海金沙在秋季孢子未脱落时采收。

（8）树脂类。树脂类药材一般应选择干燥季节采集，如乳香、没药等。

（9）动物类及矿物类。以保证药效及容易获得为原则，矿物类药材可随时采收。

3. 保护药源

天然药源毕竟有限，合理采集药材是保护药源的重要措施。

4. 药材的加工与贮藏

中药采收后，除鲜用者外，大多需在产地进行初步加工，以保证药材的品质，且便于包装、贮藏和运输。如挑选，除去非药用部分、杂质，切片等。

中药采收后应及时干燥，以便于保证药材质量和贮藏。中药的贮藏，要做到干燥、阴凉、通风，避免霉烂等。对于剧毒药材应贴上"剧毒药"标签，按国家规定妥善保管。

任务二　中药的炮制

炮制，亦称炮炙，是指药物在应用或制成各种剂型前，根据用药需要，药物的性质、调制和制剂的要求而进行的加工处理过程。炮制方法得当，有助于保证药效和用药安全。

一、炮制的目的

1. 降低或消除药物的毒性、烈性和副作用

对含有毒性成分的药物，必须经过适当的炮制才能降低或消除其毒性、烈性和副作用，以确保用药安全。

2. 增强药物的疗效和改变药物的性能

如醋制延胡索可增强止痛作用。酒炒川芎可增强活血作用。土炒白术可增强补脾止泻作用。生地黄清热凉血，酒拌蒸制成熟地后则性微温，有滋阴补血功效。

3. 便于制剂、服用和贮藏

药物在制成各种剂型前，先进行干燥、炒、煅等，便于加工和贮藏。药物经过切片、粉碎后，便于制剂和贮藏，这样易于煎出有效成分以及便于服用等。

4. 除去异味，便于服用

某些药物有异味，经过漂洗、酒制、醋制、麸炒等方法处理后可起到矫味和矫臭作用。如醋制没药、乳香，用水漂去昆布的咸味、腥味等。

5. 清除杂质及非药用部分

保证药物的纯净清洁和用量准确。

二、炮制的方法

（一）修制法

1.净制

洗净即净选加工，分别选用挑选、风选、水选、筛选、剪、切、刮削、剔除、刷、擦、碾串、火燎及泡洗等方法去掉杂质及非药用部位，使药物清洁纯净，达到质量标准。

2.粉碎

采用捣、碾、磨、锉等方法，将药物粉碎。

3.切制

用刀具将药材切制成段、片、块、丝等一定规格的"饮片"。

（二）水制法

1.洗法

洗法又称抢水法。将药材放入清水中，快速洗涤后取出。对质地松软、水分易渗入的药材，如桑白皮、羌活、五加皮等采用本法。有些药材需水洗数遍，以清洁为度。

2.泡法

将质地坚硬的药材，用清水浸泡一段时间，使其吸收适宜水分，以达到软化药材便于切制的目的。如麦冬浸泡便于抽去木心等。

3.润法

根据药材质地的软硬，用淋润、浸润、晾润、露润、闷润等方法，使清水或其他液体辅料徐徐渗入药材内，在不损失或少损失药效的前提下，使药材软化，便于切制饮片。

4.漂法

将药物置于水池或长流水中浸渍一段时间，并反复换水，反复漂洗，以溶解清洗去除药材的毒性成分、盐分及腥味的方法。如漂去天南星、半夏的毒性，漂去昆布的咸味。

5.水飞法

将不溶于水的矿物、贝壳类药物研成粉末，利用粗细粉末在水中悬浮性的差异而获取细粉的方法。本法能使药物更加细腻和纯净，便于内服和外用。

（三）火制法

将药材直接或间接用火加热处理的方法。其目的是使药物达到干燥、松软、焦黄、炭化等，以便应用和贮藏。常用火制法有炒、炙、炮、煅、煨、烘焙等。

1.炒法

将药物置锅中加热不断翻动，炒到一定程度取出。根据"火候"可分为三种炒法。

炒黄：是用文火将药物炒至表面呈微黄色为度。如炒杏仁等；有些药物则需炒至有爆裂声为度，称为炒响，如王不留须炒至爆花等。

炒焦：是用中火将药材炒至表面焦黄色或焦褐色，断面色加深，并有香气或可嗅到焦糊气味为度，炒焦可使药物增强健脾助消化作用，如山楂、六神曲等。

炒炭：是用武火将药材炒至表面焦黑色，部分炭化，内部焦黄色，但仍保留药材固有气味（即存性）。炒炭能缓和药物的烈性、副作用，或增强其收敛止血作用。

2.炙法

炙法是将药材与液体辅料共置锅中加热拌炒，使辅料逐渐渗入药材内部或附于药材表面的炮制方法。其目的是改变药物药性，增强疗效或减少毒副作用。通常使用的液体辅料有蜜、酒、醋、姜汁、盐水等。如蜜炙甘草可增强补脾和胃作用，盐炙杜仲可增强补肾作用。

3. 炮法

先将砂置锅内炒热，后加入药物炒至色黄鼓起，筛去砂即成。如炮穿山甲等。

4. 煨法

煨法是将净药材用湿面或湿纸等包裹，埋于已加热的滑石粉等之中进行煨熟的方法。煨后可除去药物部分挥发性、刺激性和油脂成分，以降低副作用，缓和药性，增强疗效。

5. 煅法

将净药材放于无烟的炉火上直接煅烧或置适宜的耐火容器内间接煅烧的方法。煅至酥脆或红透为度，使药材质地松脆，易于粉碎和煎出有效成分，如煅石膏等。

（四）水火合制法

水火合制法是将药物通过水、火共同加热炮制的方法。目的是使药物由生变熟，改变原药材性质，降低毒性和刺激性。一般分为蒸、煮、淬等方法。

（五）其他制法（非水火制法）

如发酵（药物发酵可增强和胃消食作用）、制霜（巴豆去油后为巴豆霜）等加工炮制方法。

任务三　中药性能

中药的性能，是指药物与疗效有关的性味和效能，简称药性。中药的性能主要有四气五味、升降浮沉、归经、毒性等。熟悉和掌握中药的性能，对指导临诊用药具有重要意义。

一、四气

寒、凉、温、热四种不同的药性，称为四气，也称四性。它是根据药物作用于机体所发生的反应和对于疾病所产生的治疗效果而做出的概括性归纳，是与所治疗疾病的寒、热性质相对而言的。寒与凉、热与温，仅是程度上的差异，温次于热，凉次于寒。有些药物的药性不显著，作用缓和，称为平性。但仍有偏凉、偏温之异，习惯上仍称"四气"。

能够治疗热性证候的药物，便认为属寒性或凉性；能够治疗寒性证候的药物，便认为属温性或热性。寒性和凉性的中药属阴，具有清热、泻火、凉血、解毒、攻下等作用，用于治疗热证、阳证，如金银花、桑叶等。温性和热性的中药属阳，具有温里、散寒、助阳通络等作用，用于治疗寒证、阴证，如肉桂、麻黄等。平性药具有缓和作用等，如甘草等。

二、五味

酸（含涩味）、苦、甘（甜）、辛（麻、辣）、咸五种不同的药味，称为五味。前人在长期的用药实践中，发现药物的味和它的功用之间有一定的联系，即不同味道的药物对疾病有不同的治疗作用，从而总结出五味的用药理论，现分述如下。

1. 酸味

有收敛、固涩的作用。多用于治疗虚汗、泻痢、脱肛、子宫垂脱、遗精、遗尿等证。

2. 苦味

有清热、泄降、燥湿、坚阴的作用。多用于治疗热性病、水湿病、二便不通等证。

3. 甘味

有补益和中、调和药性、缓急止痛的作用。多用于治疗虚证，或作调和药性用。

4. 辛味

有发散、行气、活血等作用。多用于外感表证及气血瘀滞的病证。

5. 咸味

有软坚、散结和泻下等作用。多用于大便秘结、痰核瘰疬等病证。

五味的阴阳属性和作用如表3-1所示。

表3-1　五味的阴阳属性和作用

属　　性	五　　味	作　　用	药物举例
阴	酸味	收敛、固涩	乌梅、诃子等
	苦味	清热、燥湿、泄降、坚阴	黄连、黄芩等
	咸味	泻下、软坚、散结	芒硝、牡蛎等
阳	甘味	缓和、滋补	甘草、党参等
	辛味	发散、行气、行血	木香、桂枝等
	淡味	渗湿利水	茯苓、猪苓等

三、升降浮沉

升降浮沉，是指药物进入机体后发生作用的趋向，是与疾病表现的趋向相对应而言的。凡升浮的药物，具有升阳、发表、祛风、散寒、催吐、开窍等作用，常用于治疗表证和阳气下陷之证。凡沉降的药物，具有清热利水、泻下、潜阳、熄风、降逆、收敛等作用，常用于治疗里证和气逆之证。中药的升降浮沉作用如表3-2所示。

表3-2　升降浮沉作用归纳

类别	属性	四气	五味	炮制	病位	质地轻重	作用趋向	药物举例
升浮	阳	温热	辛、甘、淡	姜炒、酒制	病在上、在表，宜升浮	轻而疏松，如植物的叶花、空心的根茎，如薄荷、菊花、升麻等	上行、升提、发散、散寒、祛风等	桔梗、升麻、麻黄、附子、防风

续表

类别	属性	四气	五味	炮制	病位	质地轻重	作用趋向	药物举例
沉降	阴	寒凉	酸、苦、咸	盐炒醋制	病在下、在里,宜沉降	重而坚实,如植物的籽实、根茎及金石、贝壳,如苏子、大黄、磁石、牡蛎等	下行、泻下、降逆、清热、渗利、潜阳等	牛膝、大黄、代赭石、黄连、木通、龟板等

四、归经

归经,是指中药对机体某部位的选择作用,即药物作用部位。中药的归经理论,具体指出了药效之所在。它是以脏腑、经络理论为基础,以所治病证的病位为主要的依据。

如桔梗、杏仁能治咳嗽、气喘,则归肺经;决明子能治疗肝经风热,则归肝经;诃子能治疗泻痢、便血、肺虚咳嗽,则归肺经、大肠经。药物的气味、颜色的归经规律是:味酸、色青入肝;味苦、色赤入心;味甘、色黄入脾;味辛、色白入肺;味咸、色黑入肾。

临诊用药要依病证选用中药。如同为苦寒的龙胆、黄芩、黄连、黄柏,因其分别归于肝经、肺经、心经、肾经,故用龙胆泻肝火,用黄芩泻肺火,用黄连泻心火,用黄柏泻肾火。总之,既要知道中药的性能,又要熟悉脏腑、经络之间的相互关系,才能更好地指导临诊用药。

任务四 方剂的组成与中药的配伍

一、方剂的组成

(一)方剂的概念

方剂是由单味药物或多味药物按一定配伍原则和调制方法制成的药剂。方剂中各药通过相互配合以加强疗效,并通过减少或缓和某些药物的毒性和烈性,消除不利作用,更好地适应复杂病情的需要。药有个性之特长,方有合群之妙用。

(二)方剂组成的意义

1.增强药物的作用,提高治疗效果

所谓"药有个性之特长,方有合群之妙用",就是这个意思。如黄柏与知母配伍,能提高滋阴降火的效果。

2.依据病情需要,随证合药

如四君子汤是治疗脾胃气虚的方剂。如兼有气滞,加陈皮以理气,名"异功散";如兼有气滞痰湿,再加半夏以燥湿化痰,名"六君子汤"。

3.控制某些药物的毒性或烈性

如生姜或白矾与半夏同用，可以清除半夏的毒性；槟榔与常山配合，可减轻常山的致呕作用。

4.控制药物作用的发挥方向

如柴胡有疏肝理气、升举阳气、发表退热的作用，但调肝多配芍药，升阳多配升麻，和解少阳则须配黄芩等。

（三）方剂组成的原则

方剂按照主、辅、佐、使（前人称为君、臣、佐、使）的原则配伍。

1.主药

即针对主病或主证起主要作用的药物。

2.辅药

协助主药加强治疗作用或针对重要兼病或兼证起主要治疗作用的药物。

3.佐药

配合主药、辅药加强治疗作用，或直接治疗兼证或次要证候的药物；以及用以消除或减弱主药、辅药的毒性或能制约主药、辅药峻烈之性的药物。

4.使药

方剂中使药物归经发挥治疗效果的药物，或能调和方剂中诸药作用的药物。

（四）方剂的加减变化

依据病情需要，增减药味或药量，或数个方剂的组合应用。如四君子汤补气虚，四物汤补血虚，两方相合则为治气血两虚的八珍汤，再加黄芪、肉桂，便成为治气血两虚而兼阳虚的"十全大补汤"。

二、中药的配伍

动物疾病是复杂多变的，有时要选用多种中药配合起来应用。中药的配伍就是指根据动物病情需要和药物的性能，有目的地将两种以上的药物配合在一起应用。

（一）配伍七情

1.单行

单行是指用单味药治病。如单用青蒿驱除球虫，单用蒲公英治疗疮黄肿毒等。

2.相须

相须是指性能功效相似的同类药物配合应用，可以起到协同作用，增强疗效。如金银花配连翘能明显增强清热解毒的治疗效果；党参配黄芪能明显增强补气的效果。

3.相使

相使是指性能功效有某种共性的不同类药物配合应用，一种药能提高另一种药的功效。如补气利水的黄芪与利水健脾的茯苓配合应用，茯苓能增强黄芪补气利水的作用。

4.相畏

相畏是指一种药物的毒性或副作用，能被另一种药物减轻或消除。如生姜能抑制生半夏、生南星的毒性，因此说生半夏、生南星畏生姜。

5.相杀

相杀是指一种药物能消除另一药物的毒性或副作用。如绿豆能减轻巴豆的毒性，防风能解砒霜毒，因此说绿豆杀巴豆毒，防风杀砒霜毒。

6. 相恶

相恶是指两种药配合应用，一种药物能使另一种药物的疗效降低或丧失药效。如黄芩能降低生姜温性，因此说生姜恶黄芩。

7. 相反

两种药物合用，能产生和增强毒性反应或副作用。如配伍禁忌中的"十八反"。

相须、相使可以提高疗效，处方用药时要充分利用；相畏和相杀在应用有毒药物或烈性药物时，常用以减轻或消除副作用，但属于"十九畏"的药物则不能配伍；相恶的药物应避免配伍；属于相反的药物，原则上禁止配伍。

（二）配伍禁忌

前人所总结配伍禁忌有"十八反""十九畏"。

1. 十八反

配伍应用可能产生毒害作用的药物有18种，故名"十八反"。即甘草反甘遂、芫花、大戟、海藻；乌头反贝母、瓜蒌、半夏、白蔹、白及；藜芦反人参、沙参、丹参、玄参、细辛、芍药。

2. 十九畏

十九畏即硫黄畏朴硝，水银畏砒霜，狼毒畏密陀僧，巴豆畏牵牛子，丁香畏郁金，川乌、草乌畏犀角，牙硝畏荆三棱，官桂畏赤石脂，人参畏五灵脂。

三、妊娠禁忌

动物妊娠期间，应当禁用或慎用具有堕胎作用或对胎儿有损害作用的药物。禁用的药物，大多是毒性较强或药性峻烈的药物，如巴豆、水蛭、虻虫、大戟、芫花、斑蝥、三棱、莪术、麝香、牵牛、蜈蚣等；慎用的药物，大多是破血、破气、辛热、滑利沉降之品，如桃仁、红花、大黄、芒硝、附子、肉桂、干姜、瞿麦等。

任务五　中药的剂型、剂量及用法

一、剂型

将方药制成的适宜的形式叫剂型。目前常用的中药剂型有以下几种。

1. 汤剂

汤剂是将处方药物加水煎煮后，去渣而得的液体制剂。包括内服汤剂和外用汤剂。内报汤剂易于吸收，发挥药效快，适用于急、重病证。外用汤剂适用于洗治疮疡肿痛等。

2. 散剂

散剂是将处方药物粉碎、混合均匀而制成的粉末状制剂。散剂具有配制方便、吸收容易、药效较快的特点，是临床最常用的剂型之一，急性、慢性病证都可使用。

3. 灌注剂

灌注剂是指药材提取物、药物以适宜的溶剂制成的供子宫、乳房等灌注的灭菌液体制剂。分为溶液型、混悬型和乳浊型。如促孕灌注液等。

除了上述剂型之外，还有注射剂、片剂、颗粒剂、搽剂、丸剂、超微粉、酒剂等。由于中药制剂很少在食用动物产品中产生有害残留，因此日益受到重视。

二、剂量

剂量，是指药物的常用治疗量。对于常用中药的用量，马、牛等大动物可控制在15～45 g范围内，猪、羊等小动物控制在5～15 g范围内。不同种类动物用药剂量比例见表3-3，部分中药用量选择见表3-4。

表3-3 不同动物用药比例

动物种类	用药比例	动物种类	用药比例
马（体重约300 kg）	1	猪（体重约60 kg）	1/8～1/5
黄牛（体重约300 kg）	1～1.25	犬（体重约15 kg）	1/16～1/10
水牛（体重约500 kg）	1～1.5	猫（体重约4 kg）	1/32～1/20
驴（体重约150 kg）	1/3～1/2	鸡（体重约1.5 kg）	1/40～1/20
羊（体重约40 kg）	1/6～1/5		

表3-4 中药用量选择表

用量（马、牛）	药 物
15～30 g	甘遂、芫花、大戟、胡椒、商陆、木香、附子、白花蛇、天南星、通草、五倍子、沉香、三七、粟壳、硼砂、硫黄、白蔹、青黛、全蝎、水蛭、芦荟、儿茶
6～15 g	羚羊角、犀角、细辛、乌头、大枫子、蛇蜕、樟脑、雄黄、木鳖子
3～10 g	朱砂、阿魏（牛可用30 g）、冰片、巴豆霜、瓜蒂（猪）
1.5～3 g	制马钱子、麝香、牛黄、斑蝥、轻粉、胆矾
10～15粒	鸦胆子
15～45 g	上述以外的一般常用中药

三、用法

中药的用法可分为经口给药和非经口给药两大类。散剂、汤剂、丸剂、颗粒剂、片剂等多采用经口给药，非经口给药有外用法、注射给药、腔道给药等。

煎法与灌服是目前中兽医临诊最为常用的用药方法。

1. 煎法

汤剂的煎法与药效密切相关。煎药的用具以砂锅、瓷器为好。煎药时先用水将药物浸泡约15 min，再加入适量水后密闭其盖，然后煎煮。煎药时间一般为20~30 min。对于补养药宜为文火久煎；对于解表药、攻下药，宜用武火急煎。对于矿石、贝壳类药物如代赭石、生石膏、石决明等宜打碎先煎；对芳香性药物如薄荷、青蒿等宜后下；对某些含有多量黏性的药物如车前子、旋覆花等宜包煎。

2. 服法

治热性病的药物宜凉服，发散风寒和治寒性病的药宜温服，治慢性病的药物和健胃药宜在饲喂后灌服。灌药次数，一般是每天灌1~2次，轻病的可两天灌一次。

【职业能力测试】

一、判断题（正确的在括号里画"√"，错误的画"×"）

1. 中药的采集、加工和贮藏是否合理，直接影响药材的质量和疗效。（　　）

2. 中药的性能，是指药物与疗效有关的性味和效能。（　　）

3. 甘味有收敛固涩的作用。（　　）

4. 凡是能治疗热性证候的药物，便认为是寒性或凉性的。（　　）

5. 归经，是指中药对机体某部位的选择作用。（　　）

6. 方剂的组成按照主、辅（前人称为君、臣）的原则配伍。（　　）

二、填空题

1. 中药来源于天然的_____、_____、_____及部分化学药物。

2. 寒凉性的中药具有_____、_____、_____等作用。

3. 中药的性能主要有_____、_____、_____等。

4. 四气是指药物具有的_____、_____、_____、_____。

5. 配伍七情中，_____、_____可提高疗效，属于_____的药物原则上禁止配伍。

6. 辛味有_____、_____、_____等作用。

7. 五味的归经规律是：酸入____、苦入____、甘入____、辛入____、咸入____。

8. 经口给药传统多_____，现代畜禽养殖多将中药添加到_____或_____中给药。

9. 中兽药常用剂型有_____、_____、_____等。

10. 妊娠禁用的药物，大多是_____较强或_____药性的药物。

三、单项选择题

1. 以全草入药的药用植物应在（　　）时采收。

A. 枝叶茂盛的花前期或开花期　　　　B. 果实成熟

C. 果实未成熟　　　　　　　　　　　D. 花叶枯萎

2. 中药的炮制目的中下列哪项是错误的？（　　）

A. 清除杂质及非药用部分　　　　　　B. 去除异味，便于服用

C. 为了使药物外形美观，便于观赏　　D. 增强药物的疗效和改变药物的性能

3. 能增强活血作用的制法是（　　）。

A. 醋炙　　　　B. 酒炙　　　　C. 姜汁炙　　　　D. 蜜炙

4. 具有渗湿利水作用的味是（　　　）。

A. 辛味　　　　B. 甘味　　　　C. 淡味　　　　　　D. 苦味

5. 中药对机体某部分的选择作用称为（　　　）。

A. 归经　　　　B. 升浮　　　　C. 沉降　　　　　　D. 五味

6. （　　　）主治热证。

A. 寒凉药　　　B. 温热药　　　C. 酸味的中药　　　D. 淡味的中药

四、简答题

1. 寒凉药与温热药分别有何作用和主治？

2. 苦味、酸味中药分别有何作用和主治？

技能训练

实训一　中药采集

【技能目标】

（1）熟悉常用中药的生长环境及采收时机，掌握中药采集的方法及注意事项。

（2）能够识别常用中药的形态、特征、颜色，明确入药部位。

【材料用具】

药锄、枝剪、柴刀等采集用工具；标本夹、草纸、麻绳等若干；资料单、技能单人手1份，笔记本人手1本，数码相机1台。

【方法步骤】

结合当地情况，本次实训安排在中药讲授前或讲授中进行。以班级为单位，由教师和实验员带领学生在野外进行。识别采集10种以上当地的药用植物，并进行观察，选择性制作标本。

【注意事项】

实训过程中，切实做好安全防范工作。实训前，教师要做考察准备，并根据当地药用植物的分布情况，拟订实训计划、资料单、技能单，选择最佳时机。有代表性地采集根、茎、叶、花、果实、种子及全草。

【分析讨论】

如何合理采集中药？采集时应注意什么？（学生分组讨论，教师做总结）

【实训报告】

写出实训报告。

实训二　中药炮制

【技能目标】

（1）进一步明确中药炮制的意义。

（2）掌握炒、炙、炮、煨、煅常用炮制方法。

【材料用具】

1. 药材

莱菔子200 g，地榆200 g，白术600 g，山楂200 g，党参200 g，黄芩200 g，鸡内金200 g，净草果仁200 g，香附200 g，甘草200 g，干姜200 g，诃子300 g，生石膏400 g。

2. 辅料

灶心土2 kg，细砂、滑石粉各2 kg，食用醋1 kg，黄酒1 kg，蜂蜜1 kg，面粉1 kg。

3. 用具

火炉4个，木炭10 kg，铁锅及锅铲4套，铁网药筛4只，带盖瓷盘8只，搪瓷量杯8只，脸盆4个，量杯4只，天平4台，棕刷子4把，火钳4把，乳钵4套，笔记本人手1本，技能单人手1份。

【内容与方法】

指导老师示范后，学生按照下述方法依次轮流进行，操作过程中切实做好安全工作。

1. 清炒

（1）炒黄。取净莱菔子50 g置热锅中，用文火加热，不断翻动，炒至微鼓，并有爆裂声和香气时取出，放凉，用时捣碎。

（2）炒焦。焦白术：取净白术片50 g置热锅中，用中火加热，不断翻动，炒至表面焦黄色，内部微黄，并有焦香气味时取出，放凉。焦山楂：取净山楂50 g置热锅中，用中火炒至外表焦褐色，内部焦黄色，取出放凉。

（3）炒炭。取净地榆片50 g置热锅中，用武火加热，不断翻动，炒至表面焦黑，内部焦黄色，取出，放凉。注意掌握火候，做到炒炭存性。

2. 加辅料炒

土炒白术。先将灶心土0.5 kg置于热锅内，用中火加热炒动，后倾入白术片50 g，并不断地翻动，炒至白术片表面挂土，并透出土香气时取出，筛去土粉，放凉。

3. 炙

（1）酒炙。先取净黄芩片50 g与10 mL黄酒拌匀，放置闷透，待酒被药物吸干后，置锅内用文火加热，炒干或炒至棕褐色，取出，也可以先将药物炒至一定程度，再喷洒定量的黄酒，炒干，取出。前者多用于质地坚实的根茎类药材，后者则用于质地疏松的药材。

（2）醋炙。先取净香附片50 g与10 mL醋充分拌匀，放置闷透，待醋被药物吸干后，置锅内用文火炒至颜色变深时取出，晾干。

（3）蜜炙。先将蜂蜜13 g左右加适量沸水稀释后，加入净甘草50 g拌匀，放置闷透，置锅内用文火炒至深黄色，不黏手时取出摊晾，放凉后及时收贮。

4. 炮

取干姜50 g，细砂200 g，先将细砂置锅中炒热，然后加入干姜，炒至干姜色黄鼓起，筛去砂即成。

5. 煨

取净诃子75 g，并逐个用和好的湿面团包住，放置在火口旁（或柴草火炭中），煨至面皮焦黄为度，剥去面皮，轧裂取出诃子放凉。

6. 煅

取生石膏100 g放在无烟的炉火上，煅至酥脆或红透时，取出，放凉，碾碎。含有结晶水的盐类药物，不要求煅红，但须使结晶水蒸发尽，或全部形成蜂窝状的块状固体。

应掌握好文火、中火、武火的运用和审视药物黄、焦、黑等炒炙的程度。

【观察结果】

观察所炮制的药物是否符合要求。

【分析讨论】

分析讨论炮制药物的目的意义，分析操作方法是否恰当。

【实训报告】

分别写出地榆炭、土炒白术、蜜炙甘草、煨诃子的炮制过程。

技能考核

【考核方式】

（1）教师带队在野外或校内药圃进行。

（2）选择常用中药在实验室进行。

【考核内容】

（1）识别当地10种以上常用中药的形态、特征、颜色，明确入药部位，掌握根、茎、叶、花、果实、种子及全草等有代表性的中药的采集方法及注意事项。

（2）正确运用炒、炙、炮、煨、煅等方法，有目的地进行中药炮制，达到实训目标所要求的标准。

（3）学生独立进行操作，教师评出技能考核成绩。

任务六　解表药及方剂

凡以发散表邪，解除表证为主要作用的药物，称为解表药。

本类药叮分为辛温解表药和辛凉解表药两类。

使用解表药应注意以下几点。

（1）先辨明表证的寒热虚实，选择合适药物。对体虚者慎用或配合补益药以扶正祛邪。

（2）对大泻、大汗、大失血的病畜应慎用或不用；炎热季节，用量宜轻；寒冬季节，用量宜重。汗不宜过度，中病即止，以免亡阳或亡阴。

（3）解表药多属辛散轻扬之品，不宜久煎，以免有效成分挥发而降低疗效。

一、解表药

（一）辛温解表药

本类药性味多为辛温，发散作用较强，常用于外感风寒出现的恶寒战栗，发热无汗，耳鼻发凉，口不渴，苔薄白，脉浮紧或浮缓等风寒表证。

麻 黄

为麻黄科植物草麻黄、木贼麻黄及中麻黄的草质茎，切段生用或蜜炙用。

【性味归经】温，辛、微苦。入肺经、膀胱经。

【功效】发汗解表，宣肺平喘，利水消肿。

【主治】外感风寒，咳喘，关节肿痛，水肿等。

【附注】本品发汗力较强。表虚多汗、肺虚咳嗽及脾虚水肿者忌用。

【附药】麻黄根。味甘性平，能止一切虚汗（自汗、盗汗），作用与麻黄相反。

桂 枝

为樟科植物肉桂的嫩枝，多生用。

【性味归经】温，辛、甘。入心经、肺经、膀胱经。

【功效】发汗解肌，温经通阳。

【主治】外感风寒，风寒湿痹，关节肿痛，水湿停滞等。

【附注】桂枝常作前肢引经药。

荆 芥

为唇形科植物荆芥的干燥地上部分，花穗即药材荆芥穗，生用或炒炭用。

【性味归经】微温，辛。入肺经、肝经。

【功效】祛风解表，透疹消疮，炒炭止血。

【主治】外感表证，咽喉肿痛，疮疡肿毒，湿疹，鼻衄，便血等。

【附注】本品常与防风同用以祛风解表，与薄荷、蝉蜕同用以疏风透疹。

防　风

为伞形科植物防风的根，生用、炒用或炒炭用。

【性味归经】微温，辛、甘。入膀胱经、肝经、脾经。

【功效】祛风解表，胜湿止痛。

【主治】外感表证，风寒湿痹，风疹瘙痒，破伤风等。

【附注】防风有特异解毒功能，与甘草配用，用于治疗食物中毒，农药中毒，砒霜中毒，乌头、芫花等中毒。

紫　苏

为唇形科植物紫苏的茎叶，生用。茎秆单用的名为苏梗。种子入药，名苏子。

【性味归经】温，辛。入肺经、脾经。

【功效】解表散寒，行气宽中，和胃止呕，理气安胎。

【主治】风寒感冒，咳嗽气喘，呕吐，肚腹胀满，胎动不安等。

【附注】本品叶的功效偏于发汗解表，梗的功效偏于理气宽胸，紫苏子的功效偏于止咳平喘。

（二）辛凉解表药

本类药性味多为辛凉，具有解表散热的功能，常用于外感风热或温燥之邪而引起的肺气不宣，肌表疏泄失常，如发热重，恶寒轻，有汗或无汗，耳鼻发热，咽干口渴，口色红，苔薄白干或微黄，脉浮数等风热表证。

柴　胡

为伞形科植物柴胡或狭叶柴胡的根。生用、醋炒或酒炒用。

【性味归经】微寒，苦、辛。入肝经、胆经。

【功效】和解退热，疏肝解郁，升阳举陷。

【主治】感冒发热，寒热往来，脾虚久泻，气虚下陷的脱肛、子宫脱垂等。

【附注】柴胡为和解少阳之要药。和解退热宜生用，疏肝解郁宜醋炙用。

薄　荷

为唇形科植物薄荷的茎叶，生用。

【性味归经】凉，辛。入肺经、肝经。

【功效】疏散风热，清利头目，利咽透疹，疏肝解郁。

【主治】风热感冒，咽喉肿痛，目赤肿痛，风疹瘙痒等。

【附注】薄荷善清头目，散风热，其芳香又能理气消食。

桑 叶

为桑科植物桑的叶，初霜后采收，生用。

【性味归经】寒，甘、苦。入肺经、肝经。

【功效】疏风散热，清肺润燥，清肝明目。

【主治】风热感冒，肺热燥咳，目赤肿痛。

【附药】桑枝为桑的嫩枝，祛风湿，利关节。桑白皮为桑的根皮，泻肺平喘，行水消肿，治肺热喘。桑葚子为桑的成熟果实，补血滋阴，生津止渴，润肠通便等。

菊 花

为菊科植物菊的头状花序，菊花有黄、白之分，生用。

【性味归经】微寒，甘、苦。入肺经、肝经。

【功效】疏风解表，平肝明目，清热解毒。

【主治】外感风热，目赤肿痛，疮痈肿毒等。

【附注】黄菊偏于发散风热，白菊偏于养肝明目。野菊花清热解毒作用强。

葛 根

为豆科植物野葛或甘葛藤的根，生用或煨用。

【性味归经】凉，甘、辛。入脾经、胃经。

【功效】解肌退热，生津止渴。煨用止泻。

【主治】外感表证，热病口渴，脾虚泄泻等。

其他解表药举例见表3-5。

表3-5　其他解表药

药名	药用部位	性味归经	功　效	主　治
细辛	根或根茎	温，辛。入心经、肺经、肾经	祛风散寒，通窍止痛	风寒感冒，冷痛，风湿痹痛
白芷	根	温，辛。入胃经、大肠经、肺经	散风祛湿，消肿排脓，通窍止痛	风寒感冒，风湿症，疮黄肿毒等
生姜	根茎	微温，辛。入肺、脾经、胃经	解表散寒，温中止呕	外感风寒，胃寒呕吐，生姜汁解半夏、天南星毒
牛蒡子	果实	寒，辛、苦。入肺经、胃经	疏散风热，宣肺透疹，解毒利咽	外感风热，疮黄肿毒，咽喉肿痛

续表

药名	药用部位	性味归经	功　效	主　治
升麻	根茎	微寒，甘、辛。入肺经、脾经、胃经、大肠经	升阳，散风，解毒，透疹	咽喉肿痛，斑疹不透，久泻脱肛，子宫垂脱等。
蝉蜕	皮壳	寒，甘。入肺经、肝经	散风热，利咽喉，退云翳，解痉	风热感冒，咽喉肿痛，肝经风热，破伤风等
苍耳子	果实	温，辛，有小毒。入肺经	散风除湿，通窍止痛	风寒感冒，风湿痹痛，鼻窍不通，风疹瘙痒

二、解表方

组成以解表药为主，用于治疗表证的方剂，称为解表方。常用解表方举例见表3-6。

表3-6　常用解表方

方名及来源	组　成	功　效	主　治
麻黄汤——《伤寒论》	麻黄、桂枝、杏仁、炙甘草	发汗解表，宣肺平喘	外感风寒的表实证
荆防败毒散——《摄生众妙方》	荆芥、防风、羌活、独活、柴胡、前胡、桔梗、枳壳、茯苓、甘草、川芎	发汗解表，散寒除湿	风寒感冒，流感
桂枝汤——《伤寒论》	桂枝、白芍、炙甘草、生姜、大枣	解肌发表，调和营卫	外感风寒的表虚证
银翘散——《温病条辨》	金银花、连翘、淡豆豉、桔梗、荆芥、淡竹叶、薄荷、牛蒡子、芦根、甘草	辛凉解表，清热解毒	外感风热或温病初起
桑菊散——《中国兽药典》	桑叶、菊花、连翘、薄荷、苦杏仁、桔梗、甘草	疏风清热，宣肺止咳	风热咳嗽
小柴胡汤——《伤寒论》	柴胡、黄芩、党参、姜半夏、甘草	和解少阳，扶正祛邪，解热	少阳证，寒热往来，不欲饮食，口津少，反胃呕吐

任务七　清热药及方剂

凡能清解里热的药物，称为清热药。具有清热泻火、解毒凉血、燥湿、解暑等作用，主要用于治疗高热、热痢、急性热病、湿热黄疸、热毒疮肿、热性出血及暑热等里热病证。

清热药分为清热泻火药、清热燥湿药、清热凉血药、清热解毒药、清热解暑药五类。

本类药物宜在表证已解，而热已入里或里热炽盛时使用。用药时中病即止，以防清泄太过，损伤正气。清热药多寒凉，易伤脾胃，对脾胃虚弱的动物，应辅以健脾胃的药物。

一、清热药

（一）清热泻火药

本类药性味苦寒或甘寒，能清解气分实热，有泻火泄热的作用。适用于温病初期，高热火盛所致的气分实热证。症见高热汗出，烦渴贪饮，尿液短赤，舌苔黄燥，脉象洪大等。

石　膏

为硫酸盐类矿物硬石膏族石膏，主含结晶水硫酸钙，生用或煅用。

【性味归经】大寒，辛、甘。入肺经、胃经。

【功效】清热泻火，外用敛疮生肌。

【主治】热病高热，口渴贪饮，肺热咳喘，胃火上炎，牙龈肿痛，口舌生疮等。煅石膏外用治疗疮疡不敛，湿疹瘙痒，水火烫伤，外伤出血等。

栀　子

为茜草科植物栀子的成熟果实，生用、炒焦或炒炭用。

【性味归经】寒，苦。入心经、肝经、肺经、胃经、三焦经。

【功效】清热泻火，利湿退黄，凉血解毒。

【主治】火毒炽盛，湿热黄疸，热毒疮黄，目赤肿痛，血热妄行所引起的各种出血。

芦　根

为禾本科植物芦苇的地下根茎，鲜用或干用。

【性味归经】甘，寒。入肺经、胃经。

【功效】清热生津，清胃止呕。

【主治】肺热咳嗽，热病伤津，肺痈，烦热贪饮等。

（二）清热燥湿药

本类药性味多苦寒，能清热燥湿，适用于湿热诸证。如肠胃湿热所致的泄泻、痢疾，肝胆湿热所致的黄疸，下焦湿热所致的尿淋漓等。亦用于疮黄肿毒等。

黄　连

为毛茛科植物黄连、三角叶黄连或云南黄连的根茎，生用，姜汁炒、酒炒或胆汁炒用。
【性味归经】寒，苦。入心经、肝经、胃经、大肠经。
【功效】清热燥湿，泻火解毒。
【主治】胃肠湿热，泻痢呕吐，高热神昏，肝胆湿热，目赤肿痛，痈疽肿毒等。

黄　芩

为唇形科植物黄芩的根，生用或酒炒用。
【性味归经】寒，苦。入肺经、大肠经。
【功效】清热燥湿，泻火解毒，止血安胎。
【主治】湿热泻痢，肺热咳嗽，黄疸，热淋，目赤肿痛，痈肿疮毒，胎动不安等。

黄　柏

为芸香科植物黄檗（关黄柏）和黄皮树（川黄柏）除去栓皮的树皮部分，生用，酒炒、盐水炒或炒炭用。
【性味归经】寒，苦。入肾经、膀胱经、大肠经。
【功效】清热燥湿，泻火解毒，清退虚热。
【主治】湿热泻痢，痈肿疮毒，皮肤湿疹，黄疸，尿淋，阴虚发热，盗汗。

龙　胆

为龙胆科植物条叶龙胆、粗糙龙胆、三花龙胆或坚龙胆的根及根茎，生用或酒炒用。
【性味归经】寒，苦。入肝经、胆经、膀胱经。
【功效】泻肝胆实火，除下焦湿热。
【主治】湿热黄疸，湿疹瘙痒，肝经风热，惊厥抽搐，目赤肿痛。

苦　参

为豆科植物苦参的根，生用。

【性味归经】寒，苦。入心经、膀胱经。

【功效】清热燥湿，杀虫止痒，利尿通淋。

【主治】湿热泻痢，黄疸，水肿，疥癣。

（三）清热凉血药

本类药性味多甘苦寒，主入血分，有清热凉血作用。适用于热入血分，血热妄行引起的吐血、斑疹以及热邪入营，舌色绛红，病畜发狂或神志昏迷等血分实热证。

生地黄

为玄参科植物地黄的块根，鲜用或干燥切片生用。

【性味归经】寒，甘。入心经、肝经、肾经。

【功效】清热凉血，养阴生津。

【主治】热病伤津，高热口渴，热性出血，阴虚发热，咽喉肿痛，津亏便秘等。

牡丹皮

为毛茛科植物牡丹的根皮，生用、酒炒或炒炭用。

【性味归经】微寒，苦、辛。入心经、肝经、肾经。

【功效】清热凉血，活血散瘀。

【主治】温毒发癍，热病伤阴，衄血，便血，尿血，跌打损伤，痈肿疮毒等。

白头翁

为毛茛科植物白头翁的根，生用。

【性味归经】寒，苦。入胃经、大肠经。

【功效】清热解毒，凉血止痢。

【主治】热毒泻痢，湿热肠黄等。

（四）清热解毒药

本类药多甘寒，以清解热毒或火毒为主要作用，适用于痈肿疔毒、丹毒、斑疹、瘟疫、咽喉肿痛、目赤肿痛、水火烫伤、虫蛇咬伤等热毒证。临诊应用，应根据病情需要而配伍。

金银花

为忍冬科植物忍冬、红腺忍冬、山银花或毛柱忍冬的花蕾或初开的花，生用或炙用。

【性味归经】寒，甘。入肺经、心经、胃经。

【功效】清热解毒，疏散风热。

【主治】痈肿疔疮，热毒血痢，风热感冒，温病初起。

【附注】金银花芳香，善清上焦之风热，尤善去热毒。虚寒泄泻，无热毒者忌用。

【附药】银花藤的解毒作用不及金银花，但有祛风活络的作用。

连　翘

为木犀科植物连翘的果实，生用。

【性味归经】微寒，苦。入肺经、心经、胆经。

【功效】清热解毒，消肿散结。

【主治】外感风热或温病发热，疮黄肿毒等。

板蓝根

为十字花科植物菘蓝（北板蓝根）和爵床科植物马蓝（南板蓝根）的根，均生用。

【性味归经】寒，苦。入心经、肺经、胃经。

【功效】清热解毒、凉血利咽。

【主治】流感，瘟疫，血痢肠黄，咽喉肿痛，口舌生疮，疮黄肿毒等。

【附注】板蓝根对流感病毒、乙型脑炎病毒等有抑制作用。其叶为大青叶，长于清热解毒，主治热病发斑等；其叶粉碎后为青黛，长于消肿，主治热痈疮毒，口舌生疮等。

穿心莲

为爵床科植物穿心莲的地上部分，生用或鲜用。

【性味归经】寒，苦。入肺经、胃经、大肠经、大肠经、膀胱经。

【功效】清热解毒，燥湿止泻。

【主治】感冒发热，咽喉肿痛，口舌生疮，肺热咳嗽，泄泻痢疾，痈肿疮疡。

【附注】穿心莲鲜品捣烂外敷，用于疖肿、毒蛇咬伤、湿疹瘙痒等。

蒲公英

为菊科植物蒲公英、碱地蒲公英或同属数种植物的全草，鲜用或生用。

【性味归经】寒，苦、甘。入肝经、胃经。

【功效】清热解毒，散结消肿，利湿通淋。

【主治】乳腺炎，热疖疮毒，黄疸，尿血热淋，目赤肿痛等。

（五）清热解暑药

本类药性味辛平或甘寒，能解表和里，清热利湿，适用于暑热、暑湿等暑证。

青 蒿

为菊科植物青蒿或黄花蒿的茎叶，生用。

【性味归经】寒，苦、辛。入肝经、胆经。

【功效】清热解暑，退虚热，杀原虫。

【主治】外感暑热，阴虚发热，湿热黄疸，疟原虫病、血吸虫病、球虫病等。

其他清热药举例见表3-7。

表3-7　其他清热药

药名	药用部位	性味归经	功　效	主　治
知母	根茎	寒，苦、甘。入肺经、胃经、肾经	清热泻火，滋阴润燥	热病烦渴，胃火炽盛，肺热咳嗽，肠燥便秘，阴虚内热
夏枯草	果穗	寒，苦、辛。入肝经、胆经	清热泻火，散结消肿	目赤肿痛，疮肿，乳痈等
紫花地丁	全草	寒，苦、辛。入心经、肝经	清热解毒，凉血消肿	热毒，目赤肿痛，毒蛇咬伤
茵陈	地上部分	微寒，苦、辛。入脾经、胃经、肝经、胆经	清湿热，退黄疸	黄疸，尿少
山豆根	根及根茎	寒，苦。入肺经、胃经	清热解毒，消肿利咽，祛痰止咳	咽喉肿痛，肺热咳喘，疮黄疔毒
射干	根茎	寒，苦。入肺经	清热解毒，消痰利咽	咽喉肿痛，痰涎壅盛，肺热咳喘
秦皮	枝皮或干皮	寒，苦、涩。入肝经、胆经、大肠经	清热燥湿，收涩，明目	湿热下痢，目赤肿痛，云翳
鱼腥草	地上部分	微寒，辛。入肺经	清热解毒，消肿排脓，利尿通淋	肺痈，肠黄，痢疾，乳痈，淋浊
败酱草	全草	凉，辛、苦。入胃经、大肠经、肝经	清热解毒，祛瘀止痛，消肿排脓	肠黄痢疾，目赤肿痛，疮黄疔毒
玄参	根	微寒，甘、苦、咸。入肺经、胃经、肾经	滋阴降火，凉血解毒	热病伤阴，咽喉肿痛，疮黄疔毒，阴虚便秘
白茅根	根茎	寒，甘。入肺经、胃经	凉血止血，清热利尿	衄血，尿血，热淋，水肿，黄疸

续表

药名	药用部位	性味归经	功　效	主　治
淡竹叶	茎叶	寒，甘、淡。入心经、小肠经、膀胱经	清心除烦，利尿通淋	口舌生疮，目赤肿痛，小便短赤
水牛角	水牛的角	寒，苦。入心经、肝经	清热定惊，凉血止血	高热神昏，斑疹出血等
香薷	地上部分	寒，苦、辛。入肝经、胆经	发汗解表，化湿和中，利水消肿	暑湿感冒，发热无汗，腹痛泄泻，小便不利，水肿等
马兰草	全草	平，苦、辛。入肝、胃、肺经	清热解毒，利水，消积	感冒发热，咽喉肿痛，膀胱湿热，食积不消
火炭母	全草	凉，酸、涩。入肝、大肠经	清热解毒，利湿止痒	湿热痢疾，湿疹

二、清热方

组成以清热药为主，用于治疗里热证的方剂，称为清热方。常用清热方举例见表3-8。

表3-8　常用清热方

方名及来源	组　成	功　效	主　治
白虎汤——《伤寒论》	石膏（打碎先煎）、知母、甘草、粳米	清热生津	气分热盛或阳明经证
白头翁汤——《伤寒论》	白头翁、黄柏、黄连、秦皮	清热解毒，凉血止痢	湿热泄泻，下痢脓血
双黄连口服液——《中国兽药典》	金银花、黄芩、连翘	辛凉解表，清热解毒	感冒发热
郁金散——《中国兽药典》	郁金、诃子、黄芩、大黄、黄连、栀子、白芍、黄柏	清热解毒，涩肠止泻	肠黄，湿热泻痢
黄连解毒汤——《外台秘要》	黄连、黄芩、黄柏、栀子	泻火解毒	三焦热盛或疮黄肿毒
清肺散——《元亨疗马集》	板蓝根、葶苈子、浙贝母、甘草、桔梗	清肺泻火，止咳平喘	肺热喘咳

续表

方名及来源	组　成	功　效	主　治
清瘟败毒饮——《疫疹一得》	石膏、知母、犀角（用10倍的水牛角代替）、生地、丹皮、玄参、赤芍、黄连、栀子、黄芩、连翘、桔梗、竹叶、甘草	清气凉血，泻下解毒	热毒炽盛，气血两燔的败血症、丹毒、脑炎等
银黄提取物注射液或口服液	金银花提取物黄芩提取物	清热疏风，利咽解毒	风热犯肺，发热咳嗽
白龙散	白头翁、龙胆、黄连	清热燥湿，凉血止痢	湿热泻痢，热毒血痢
鸡球虫散	青蒿、仙鹤草、何首乌、白头翁、肉桂	驱球虫，止血	鸡球虫病
扶正解毒散	板蓝根、黄芪、淫羊藿	扶正祛邪，清热解毒	鸡法氏囊病等

【职业能力测试】

一、填空题

1. 解表药可分为_____药和_____药。

2. 根据清热药的性质特点和适应证，大体分为_____、_____、_____、_____五类。

3. 清热燥湿药适用于_____等。

4. 辛凉解表药主治_____，清热泻火药主治_____。

5. 常用清热燥湿药有_____、_____、_____等。

6. 常用清热解毒药有_____、_____、_____等。

二、单项选择题

1. 下列属于辛温解表药的一组是（　　　）。

A. 麻黄、桂枝　　　B. 防风、桑叶　　　C. 紫苏、薄荷　　　D. 防风、柴胡

2. 外感风寒，内伤暑湿所致发热、恶寒、腹痛、吐泻等症，宜首选（　　　）。

A. 生姜　　　　　B. 紫苏　　　　　C. 香薷　　　　　D. 麻黄

3. 桑叶、菊花皆具有的功效是（　　　）。

A. 疏散风热，平肝熄风　　　　　　B. 疏散风热，清肝明目

C. 疏散风热，清肺止咳　　　　　　D. 疏散风热，利咽透疹

4. 薄荷的功效是（　　　）。

A. 疏散风热，熄风止痉　　　　　　B. 疏散风热，解毒滑肠

C. 疏散风热，清肺止咳　　　　　　D. 疏散风热，利咽透疹

5. 既能解表退热，又能疏肝解郁的药物是（　　　）。

A. 葛根　　　　　　B. 菊花　　　　　　C. 柴胡　　　　　　D. 桂枝

6. 善清心经实火，又善除脾胃大肠湿热，为治湿热泻痢的要药是（　　　）。

A. 黄连　　　　　　B. 黄柏　　　　　　C. 黄芩　　　　　D. 大黄

7. 既能疏散风热，又能清热解毒的药物是（　　　）。

A. 桑叶　　　　　　B. 穿心莲　　　　　C. 栀子　　　　　　D. 金银花

8. 既能清热凉血，又能活血散瘀的药物是（　　　）。

A. 玄参　　　　　　B. 生地　　　　　　C. 牡丹皮　　　　　D. 栀子

9. 既能清泻肺火，又能滋阴润燥的药物是（　　　）。

A. 石膏　　　　　　B. 知母　　　　　　C. 栀子　　　　　　D. 芦根

10. 既能清热燥湿，又能安胎的药物是（　　　）。

A. 黄柏　　　　　　B. 苦参　　　　　　C. 黄芩　　　　　　D. 龙胆草

11. 菊花的功能不包括（　　　）。

A. 疏风解表　　　　B. 清热燥湿　　　　C. 清热解毒　　　　D. 清肝明目

12. （　　　）药用根，能清热解毒，凉血利咽。

A. 葛根　　　　　　B. 板蓝根　　　　　C. 桑叶　　　　　　D. 石膏

13. 双黄连制剂的药物组成中，不包括（　　　）

A. 金银花　　　　　B. 黄芩　　　　　　C. 连翘　　　　　　D. 穿心莲

14. 青蒿的功效，不包括（　　　）

A. 消痈散结　　　　B. 清热解暑　　　　C. 退虚热　　　　　D. 杀原虫

15. 银翘散主治外感风热或（　　　）

A. 寄生虫病　　　　B. 温病初起　　　　C. 外感风寒　　　　D. 外感风湿

16. （　　　）主治热毒血痢等。

A. 麻黄汤　　　　　B. 黄连解毒汤　　　C. 白虎汤　　　　　D. 白头翁汤

三、判断题（正确的在括号里画"√"，错误的画"×"）

1. 青蒿既能清解暑热，又能截疟。（　　　）

2. 生地黄、熟地黄同为一物，故功效完全相同。（　　　）

3. 麻黄、桂枝均为解表要药。（　　　）

4. 黄连既能清热解毒，又能凉血止痢，为治痢之要药。（　　　）

5. 防风的特异解毒功能，可用于砒霜中毒等，多与甘草配用。（　　　）

6. 解表药多属辛散轻扬之品，不宜久煎。（　　　）

7. 解表药适用于外感病邪在里的病证。（　　　）

8. 紫苏有安胎作用。（　　　）

9. 柴胡能和解退热。（　　　）

10. 鱼腥草能清热解毒，消肿排脓，利尿通淋。（　　　）

四、简答题

1. 使用清热药时，应注意哪些事项？

2. 清热解毒药适用于哪些病证？

任务八　泻下药及方剂

凡能促进粪便排出或引起腹泻，以排除肠内积滞和体内积水的药物，称为泻下药。其具有通利大便，清热泻火，逐水消肿作用，用于治疗里实证。可分为攻下药、润下药和峻下逐水药三类。使用泻下药应注意以下两点。

（1）当里实兼表邪者，应先解表后攻里，必要时可与解表药同用；里实而正虚者，应与补益药合用，使邪不伤正；应用本类药物多配理气药，以增攻下之力。

（2）攻下药和峻下逐水药作用峻猛，年老畜、体虚畜、妊娠畜及伤津畜，慎用。

一、泻下药

（一）攻下药

本类药性味多属苦寒，泻下作用较强，又有清热泻火作用，适用于宿食停积，粪便燥结及实热积滞的里实证。

大　黄

为蓼科植物掌叶大黄、唐古特大黄的根及根茎，生用，酒制或炒炭用。

【性味归经】寒，苦。入脾经、胃经、大肠经、肝经、心包经。

【功效】泻下攻积，清热泻火，凉血解毒，活血祛瘀。

【主治】热结便秘，热毒疮肿，目赤肿痛，烧伤烫伤，跌打损伤，湿热黄疸等。

芒　硝

为天然硫酸盐类矿物芒硝族芒硝经加工精制而成的结晶体。主含含水硫酸钠。煎炼后结于盆底凝结成块者，称为朴硝；结于上面的细芒如针者，称为芒硝。芒硝与萝卜同煮，待硝溶解后，去萝卜，倾于盆中，冷后所形成的结晶称为玄明粉或元明粉。

【性味归经】寒，咸、苦。入胃经、大肠经。

【功效】泻热通便，润燥软坚。

【主治】实热便秘，粪便燥结，热毒疮肿。

【附注】朴硝泻下作用最强，芒硝泻下作用较缓；玄明粉多做眼科、口腔疾病的外用药。

巴　豆

为大戟科植物巴豆的成熟种子，生用、炒焦用或制霜用。
【性味归经】热，辛。有大毒。入胃经、大肠经、肺经。
【功效】泻下寒积，逐水退肿。
【主治】巴豆霜内服治里寒便秘、水肿腹水。外用于疮疡脓熟而未溃破者。

（二）润下药
本类药多为植物种子或果仁，富含油脂，能润燥滑肠，泻下作用较缓和，适用于老弱、孕畜和血虚津枯的肠燥便秘证。

火麻仁

为桑科植物大麻的成熟种仁，生用。
【性味归经】平，甘。入脾经、胃经、大肠经。
【功效】润燥滑肠，滋养补虚。
【主治】肠燥便秘，血虚便秘，体虚等。

蜂　蜜

为蜜蜂科昆虫中华蜜蜂或意大利蜂所酿的蜜。
【性味归经】平，甘。入肺经、脾经、大肠经。
【功效】补中缓急，润肺止咳，滑肠通便，解毒。
【主治】肠燥便结，肺虚久咳，肺燥干咳，脾胃虚弱等。

（三）峻下逐水药
本类药多为苦寒有毒，泻下作用峻猛，能引起剧烈腹泻，使体内大量水液从大便、小便排出。适用于水肿，胸腹积水等水饮停聚证。

大　戟

为茜草科植物红大戟和大戟科植物大戟（京大戟）的根，均生用或醋炒后用。
【性味归经】寒，辛，苦，有毒。入肺经、大肠经、肾经。
【功效】泻下逐饮，消肿散结。
【主治】水肿胀满，宿草不转，胸腹积水，疮痈肿毒等。

牵牛子

为旋花科植物裂叶牵牛或圆叶牵牛的成熟种子，生用或炒用。

【性味归经】寒，苦，有毒。入肺经、肾经、大肠经、小肠经。

【功效】泻下逐水，去积杀虫。

【主治】水肿，粪便秘结，蛔虫、绦虫等引起的虫积腹痛。

其他泻下药举例见表3-9。

表3-9　其他泻下药

药名	药用部位	性味归经	功　效	主　治
番泻叶	叶	寒，甘、苦。入大肠经	泻热导滞	热结便秘
郁李仁	种子	平，辛、苦、甘。入脾经、大肠经、小肠经	润肠通便，利水消肿	肠燥便秘，宿草不转，水肿，小便不利等
食用油	植物油和动物油	寒，甘。入大肠经	滑燥滑肠	肠津枯燥，粪便秘结
甘遂	块根	寒，苦，有毒。入肺经、肾经、大肠经	泻水逐饮，通利二便	胸腹积水，二便不利，痈肿疮毒
芫花	花蕾	温，苦、辛，有毒。入肺经、脾、肾经	泻水逐饮，通利二便，解毒杀虫	胸腹积水，水草肚胀，痈疽肿毒，疥癣，二便不利
续随子（千金子）	种子	温，辛，有毒。入肝经、肾经、大肠经	峻下逐水，破血散结	粪便秘结，水肿，血瘀证
商陆	根	寒，苦。入脾经、膀胱经	泻下利水，消肿散结	胸腹水肿，二便不利，疮痈肿毒
芦荟	叶汁浓缩干燥物	寒，苦。入肝经、心经、脾经	泻下导滞，拔毒消肿，杀虫	热结便秘，痈疮肿痛，烧烫伤，毒虫螫伤

二、泻下方

以泻下药为主要组成，治疗里实证的方剂，称为泻下方。常用泻下方举例见表3-10。

表3-10　常用泻下方

方名及来源	组　成	功　效	主　治
大承气汤——《伤寒论》	大黄（后下）、芒硝、厚朴、枳实	泻热攻下，破结通肠	结证，便秘

续表

方名及来源	组　成	功　效	主　治
当归苁蓉汤——《中国兽药典》	当归（麻油炒）、肉苁蓉、番泻叶、广木香、厚朴、枳壳、醋香附、瞿麦、通草、六神曲	润燥滑肠，理气通便	老、弱、孕畜便秘
大戟散——《元亨疗马集》	京大戟、滑石、甘遂、牵牛子、黄芪、玄明粉，加猪油适量	峻逐通肠，逐水泻下	牛水草肚胀，宿草不转
健猪散	大黄、玄明粉、苦参、陈皮	消食导滞，通便	猪的消化不良、粪干便秘

任务九　消导药及方剂

凡能健运脾胃，促进消化，具有消积导滞作用的药物，称为消导药，也称消食药。

消导药具有消食、导滞、行气、除胀等功效，适用于消化不良，草料停滞，肚腹胀满，肚痛腹泻，食欲减退等。使用消导药应注意以下两点。

（1）常根据不同病情适当配伍。如宿食停积，脾胃气滞，当配理气药以行气导滞；若脾胃气虚，须配健脾益气药以标本兼治；若脾胃虚寒，宜配温里药，以散寒消食；若食积化热，宜与攻下药同用，以泻热化积；若湿浊中阻，宜配芳香化湿药以消食开胃等。

（2）消导药虽较泻下药作用缓和，但过度使用亦可使动物气血耗损。因此，对怀孕、虚弱的动物要慎用或配合补气养血药同用，以期消积不伤正，扶正以祛积。

一、消导药

山　楂

为蔷薇科植物山楂、山里红及野山楂的成熟果实，生用或炒用。

【性味归经】微温，酸、甘。入脾经、胃经、肝经。

【功效】消食化积，行气散瘀。

【主治】食积腹胀，消化不良，伤食泄泻，嗳气呕酸，产后瘀滞腹痛、恶露不尽等。

【附注】山楂生用开胃消食作用强，炒焦长于消食止泻，炒炭则长于行气散瘀。

麦 芽

为禾本科植物大麦的成熟果实经发芽而得，生用或炒用。

【性味归经】平，甘。入脾经、胃经、肝经。

【功效】行气消积，健脾开胃，回乳。

【主治】食积不化，肚腹胀满，乳房胀痛等。

【附注】麦芽善于消化淀粉类食物。消化不良宜生用；回乳等宜炒用；脾虚泄泻宜炒焦用。麦芽多与山楂、六神曲相须配伍（炒焦后称为焦三仙），治食积消化不良。

六神曲

为辣蓼、苍耳、杏仁、青蒿等药加入面粉和麸皮混合后经发酵而成的加工品，又称神曲或建曲。生用或炒至略具有焦香气味入药（名焦六曲）。

【性味归经】温，甘、辛。入脾经、胃经。

【功效】消食化积，健脾中胃。

【主治】草料积滞，消化不良，食欲不振，肚腹胀满，脾虚泄泻等。

【附注】六神曲不可与磺胺类药物同用。六神曲以消谷积见长，山楂以消化肉食见长，麦芽以消草食见长。

其他消导药举例见表3-11。

表3-11　其他消导药

药名	药用部位	性味归经	功　效	主　治
莱菔子	萝卜的成熟种子	平，辛、甘。入肺经、脾经、胃经	消食导滞，降气化痰	气滞食积，腹胀，痰饮咳喘
鸡内金	鸡的砂囊角质内壁	平，甘。入脾经、胃经、小肠经、膀胱经	消食健胃，化石通淋	食积不消，呕吐，泄泻，砂石淋证及胆结石

二、消导方

以消导药为主要组成，用于治疗水谷草料积滞或消化不良的方剂，称为消导方。常用消导方举例见表3-12。

表3-12　消导方

方名及来源	组　成	功　效	主　治
曲麦散——《元亨疗马集》	六神曲、麦芽、山楂、厚朴、枳壳、陈皮、苍术、青皮、甘草	消积化谷，破气宽肠	胃肠积滞，马、牛料伤五攒

续表

方名及来源	组　成	功　效	主　治
消积散——《中国兽药典》	炒山楂、麦芽、六神曲、炒莱菔子、大黄、玄明粉	消积导滞，下气消胀	伤食积滞

【职业能力测试】

一、（正确的在括号里画"√"，错误的画"×"）

1. 凡能攻积、逐水，引起腹泻或润肠通便的药物，称为泻下药。（　　　）

2. 消导药能健运脾胃，促进消化，具有消积导滞作用。（　　　）

3. 六神曲以消谷积见长，山楂以消化肉食见长，麦芽以消草食见长。（　　　）

4. 攻下药不适用于宿食停滞，粪便燥结的里实证。（　　　）

5. 消导药适用于消化不良，草料停滞，肚腹胀满等。（　　　）

二、填空题

1. 泻下药可分为_____、_____、峻下_____药三类。

2. 常用攻下药有_____、_____和番泻叶等。

3. 常用消导药有_____、_____、_____等。

4. 润下药多为种子或种仁，富含油脂，故具有_____作用。

5. 麦芽的功效是_____、_____。

三、单项选择题

1. 大承气汤主治（　　　）。

A. 喘气　　　　　B. 咳嗽　　　　　　C. 便秘　　　　　D. 水肿

2. 大承气汤的药物组成中，不包括（　　　）。

A. 大黄　　　　　B. 枳实、厚朴　　　C. 芒硝　　　　　D. 薄荷、栀子

3. 大黄的功效不包括（　　　）。

A. 发散风寒　　　B. 活血祛瘀　　　　C. 泻火凉血　　　D. 攻积导滞

4. 芒硝的功效及主治中，不包括（　　　）。

A. 清热凉血　　　B. 软坚泻下　　　　C. 清热泻火　　　D. 实热积滞

5. 下列不属于润下药的是（　　　）。

A. 火麻仁　　　　B. 食用油　　　　　C. 山楂　　　　　D. 蜂蜜

6. 下列不属于消导药的是（　　　）。

A. 芒硝　　　　　B. 鸡内金　　　　　C. 麦芽　　　　　D. 六神曲

四、简答题

1. 消导药、泻下药适用于哪些病证？

2. 大戟散、当归苁蓉汤的适应证有哪些？

任务十　化痰止咳平喘药及方剂

凡能消除痰涎，缓和或制止咳嗽，平息气喘的药物称为化痰止咳平喘药。

本类药味多辛、苦，主入肺经，具有宣通肺气，化痰止咳平喘的作用，适用于咳嗽痰多，喘气及呼吸困难等症。本类药物分为温化寒痰药、清化热痰药和止咳平喘药三类。

一般咳喘多夹痰，痰多则常致咳喘。应根据不同的病情适当配伍。如外感风寒者，应配合辛温解表药；外感风热者，应配合辛凉解表药等。

一、化痰止咳平喘药

（一）温化寒痰药

本类药性多温燥，有温肺祛寒、燥湿化痰作用。适用寒痰、湿痰所致咳喘、鼻流清涕等。临诊应用时，常与健脾温肾、理气、渗湿药物相配伍。阴虚燥咳、热痰壅肺等证慎用。

半　夏

为天南星科植物半夏的块茎。用白矾炮制为清半夏，用姜、白矾炮制为姜半夏，用甘草、石灰炮制为法半夏。

【性味归经】温，辛，有毒。入脾经、胃经、肺经。

【功效】燥湿化痰，降逆止呕。生用可消肿散结。

【主治】湿痰咳喘，胃寒吐食，肚腹胀满，痈疮肿毒等。

天南星

为天南星科植物天南星的块茎。经姜汁、白矾炮制为制南星，经胆汁炮制为胆南星。

【性味归经】温，苦，辛，有毒。入肺经、肝经、脾经。

【功效】燥湿化痰，祛风解痉，消肿毒。

【主治】湿痰咳嗽，风痰壅滞，癫痫，破伤风。生用外治痈肿。

（二）清化热痰药

清化热痰药性多寒凉，以具有清化热痰为主要作用，适用于热痰所致的痰喘、鼻涕黏稠等。应根据病情适当配伍。

桔　梗

为桔梗科植物桔梗的根，生用。

【性味归经】平，苦、辛。入肺经。

【功效】宣肺祛痰，利咽排脓。

【主治】咳嗽痰多，咽喉肿痛，肺痈等。

瓜　蒌

为葫芦科植物栝楼的成熟果实，生用或炒用。其根亦供药用，称"天花粉"。

【性味归经】寒，微苦、甘。入肺经、胃经、大肠经。

【功效】清热化痰，宽中散结。

【主治】肺热咳嗽，粪便燥结等。

【附注】瓜蒌皮清化热痰，润肺止咳；瓜蒌仁润肠通便；天花粉清肺化痰，养胃生津。

贝　母

为百合科植物川贝母、浙贝母的鳞茎，生用。

【性味归经】川贝母：微寒，苦、甘。浙贝母：微寒，苦。入肺经、心经。

【功效】止咳化痰，清热散结。

【主治】咳嗽，痈疮肿毒。

（三）止咳平喘药

本类药味多苦、辛，能宣肺祛痰，润肺止咳，下气平喘，适用于咳嗽、气喘症。

枇杷叶

为蔷薇科植物枇杷的叶，切丝生用或蜜炙用。

【性味归经】微寒，苦。入肺经、胃经。

【功效】清肺化痰，和中降逆。

【主治】肺热咳喘，胃热呕吐。

杏　仁

为蔷薇科植物杏、山杏的成熟种仁，商品中有甜杏仁、苦杏仁之分，生用或蜜炙用。

【性味归经】微温，苦，有小毒。入肺经、大肠经。

【功效】止咳平喘，润肠通便。

【主治】咳嗽气喘，肠燥便秘。

其他化痰止咳平喘药举例见表3-13。

表3-13 其他化痰止咳平喘药

药名	药用部位	性味归经	功　效	主　治
桑白皮	根皮	寒，甘。入肺经	泻肺平喘，利水消肿	肺热喘咳，水肿腹胀，尿少
百部	块根	微温，甘、苦。入肺经	润肺止咳，杀虫	咳嗽，蛲虫病，蛔虫病，疥癣，体虱
款冬花	花蕾	温，辛、微苦。入肺经	润肺化痰，止咳平喘	咳嗽，气喘，肺痈等
前胡	根	微寒，苦、辛。入肺经	降气祛痰，宣散风热	气喘痰多，风热咳嗽
紫菀	根及根茎	温，辛、苦。入肺经	润肺下气，化痰止咳	咳嗽，痰多喘急
白果	种子	平，甘、苦、涩，有小毒。入肺经	敛肺定喘，收涩除湿	劳伤肺气，喘咳痰多，尿浊
白前	根茎及根	微温，辛、苦。入肺经	祛痰止咳，降气平喘	肺气壅滞，痰多咳喘

二、化痰止咳平喘方

以化痰、止咳、平喘药为主组成，具有消除痰涎、缓解和制止咳喘作用的方剂，称为化痰止咳平喘方。常用化痰止咳平喘方举例见表3-14。

表3-14 常用化痰止咳平喘方

方名及来源	组　成	功　效	主　治
二陈汤——《和剂局方》	制半夏、陈皮、茯苓、炙甘草	燥湿化痰，理气和中	湿痰咳嗽、呕吐、肚胀
麻杏石甘汤——《伤寒论》	麻黄、杏仁、炙甘草、石膏	宣肺平喘	肺热气喘
止咳散——《医学心语》	荆芥、桔梗、紫菀、百部、白前、陈皮、甘草	止咳化痰，疏风解表	外感咳嗽
苏子降气汤——《和剂局方》	苏子、制半夏、前胡、厚朴、陈皮、肉桂、当归、甘草、生姜	降气平喘，温肾纳气	上实下虚的喘咳证
麻黄鱼腥草散——《中国兽药典》	麻黄、黄芩、鱼腥草、穿心莲、板蓝根	宣肺泄热，平喘止咳	肺热咳喘，鸡支原体病

任务十一　温里药及方剂

凡是药性温热，能够祛除寒邪的一类药物，称为温里药或祛寒药。其具有温中散寒，回阳救逆的功能。适用于寒邪引起的肚腹冷痛、肠鸣泄泻、口鼻俱冷、四肢厥冷、脉微欲绝等证。温里药性温燥，容易耗损阴液，故阴虚火旺、阴液亏少者慎用。

一、温里药

附　子

为毛茛科植物乌头的子根，炮制入药。

【性味归经】大热，辛、甘，有毒。入心经、肾经、脾经。

【功效】温中散寒，回阳救逆，除湿止痛。

【主治】四肢厥冷，伤水冷痛，冷肠泄泻，风寒湿痹等。

肉　桂

为樟科植物肉桂的树皮，生用。

【性味归经】大热，辛、甘。入肾经、脾经、心经、肝经。

【功效】补火助阳，温经通脉，散寒止痛。

【主治】肾阳不足，脾胃虚寒，风寒痹痛等。

干　姜

为姜科植物姜的根茎，生用或炮制用。

【性味归经】热，辛。入心经、肺经、脾经、胃经、肾经。

【功效】温中散寒，回阳通脉，温肺化痰。

【主治】脾胃虚寒，冷痛泄泻，四肢厥冷等。

艾　叶

为菊科植物艾蒿的干燥叶，生用或炒炭用。

【性味归经】温，苦、辛。入脾经、肝经、肾经。

【功效】散寒止痛，温经止血，安胎。

【主治】肚腹冷痛，宫寒不孕，胎动不安。

其他温里药举例见表3-15。

表3-15　其他温里药

药名	药用部位	性味归经	功　效	主　治
高良姜	根茎	热，辛。入脾经、胃经	温中散寒，消食止痛	冷痛，反胃吐食，冷肠泄泻，胃寒食少
花椒	果实	温，辛。入脾经、胃经、肾经	温中散寒，杀虫止痛	冷痛，冷肠泄泻，虫积，湿疹，疥癣
小茴香	果实	温，辛。入肝经、肾经、脾经、胃经	祛寒止痛，理气和胃，温腰暖肾	脾胃虚寒，腹痛腹胀，寒伤腰胯，宫寒不孕等
吴茱萸	果实	热，辛、苦，有小毒。入肝经、脾经、胃经、肾经	温中止痛，理气止呕	脾胃虚寒，阳虚久泻，胃冷吐涎
丁香	花蕾	温，辛。入肺经、胃经、脾经、肾经	温中降逆，暖肾助阳	胃寒呕吐，阳痿，宫寒

二、温里方

组成以温里药为主，治疗里寒证的方剂，称为温里方。常用温里方举例见表3-16。

表3-16　常用温里方

方名及来源	组　成	功　效	主　治
理中汤——《伤寒论》	党参、干姜、炙甘草、白术	补气健脾，温中散寒	脾胃虚寒证
四逆汤——《伤寒论》	熟附子、干姜、炙甘草	回阳救逆	亡阳、休克等

【职业能力测试】

一、判断题（正确的在括号里画"√"，错误的画"×"）

1. 凡能消除痰涎，缓和或制止咳嗽，平息气喘的药物称为化痰止咳平喘药。
（　　　）

2. 外感风寒引起的咳嗽，应配合辛凉解表药。（　　　）

3. 凡以温里祛寒为主要作用的药物，称为温里药。（　　　）

4. 枇杷叶能化痰止咳，降逆止呕。（　　　）

5. 肉桂主治肾阳不足，脾胃虚寒，风寒痹痛等。（　　　）

二、填空题

1. 温化寒痰药常用于_____、_____所致的咳嗽、气喘等。

2. 清化热痰药有_____、_____、_____的功效。

3. 止咳平喘药适用于_____、_____等证。

4. 桔梗的功效为_____、_____。

5. 瓜蒌的功效为_____、_____、_____。

6. 桑白皮的功效为_____、_____。

三、单项选择题

1. 半夏不具有的功效是（   ）。

A. 消肿散结   B. 燥湿化痰   C. 降逆化痰   D. 补火助阳

2. 关于贝母的功效及主治，不正确的是（   ）。

A. 治肠燥便秘   B. 清热散结   C. 治肺热咳喘   D. 止咳化痰

3. 既可止咳平喘，又可润肠通便的是（   ）。

A. 枇杷叶   B. 紫苏子   C. 杏仁   D. 附子

4. 桔梗不用于治疗（   ）。

A. 咳嗽   B. 泄泻   C. 肺痈   D. 咽喉肿痛

5. （   ）的根称为天花粉。

A. 瓜蒌   B. 桔梗   C. 贝母   D. 射干

6. 肉桂的功效不包括（   ）。

A. 益火助阳   B. 温经通脉   C. 止咳平喘   D. 散寒止痛

7. 温里药用于治疗（   ）。

A. 风热表证   B. 里寒证   C. 肺热咳喘   D. 里热证

8. 以下关于半夏、天南星的叙述中，不正确的是（   ）。

A. 半夏生用外治痈疮肿毒，天南星生用外治痈疽肿痛

B. 姜半夏的功效偏于降逆止呕，清半夏的功效偏于燥湿化痰

C. 半夏、天南星均属温化寒痰药

D. 生半夏、生天南星均无毒，可用于内服

9. 治疗湿痰咳嗽、风痰壅滞、癫痫、破伤风等证的药物是（   ）。

A. 半夏   B. 天南星   C. 桔梗   D. 贝母

10. 下列不属于温里药的是（   ）。

A. 小茴香   B. 干姜   C. 款冬花   D. 附子

四、简答题

麻杏石甘汤由哪些药物组成？主治哪些病证？

任务十二 祛湿药及方剂

凡能祛除水湿，治疗水湿证的药物，称为祛湿药。

根据湿邪致病的症候和药物的作用，本类药物可分为祛风湿药、利湿药和化湿药三类。本类药多辛温，易伤阴耗液，故对阴虚津亏者慎用。虚证水肿者应以健脾补肾为主。

一、祛湿药

（一）祛风湿药

能够祛风除湿，治疗风湿证的药物，称为祛风湿药。本类药大多味辛性温，具有祛风除湿、散寒止痛、通气血、补肝肾、壮筋骨之效。适用于风湿在表而出现的肌紧腰硬、肢节疼痛、颈项强直、风寒湿痹等。

羌　活

为伞形科植物羌活及宽叶羌活的根茎及根，生用。

【性味归经】温，辛、苦。入膀胱经、肝经、肾经。

【功效】发汗解表，祛风止痛。

【主治】外感风寒，风寒痹痛。

【附注】本品适用于前躯风湿痹痛。

木　瓜

为蔷薇科植物贴梗海棠或木瓜的干燥近成熟果实，蒸熟后切片用或炒用。

【性味归经】温，酸。入肝经、胃经、脾经。

【功效】舒筋活络，除湿和胃。

【主治】风湿痹痛，后肢风湿，湿困脾胃等。

威灵仙

为毛茛科植物威灵仙的根及根茎，多生用。

【性味归经】温，辛。入膀胱经。

【功效】祛风湿，通经络，消肿止痛。

【主治】风湿痹痛，跌打损伤等。

桑寄生

为桑寄生科植物桑寄生的带叶茎枝，生用或酒炒用。

【性味归经】平，苦。入肝经、肾经。

【功效】补肝肾，强筋骨，祛风湿，养血安胎。

【主治】风湿痹痛，腰膝无力，筋骨痿弱，背项强直，血虚风湿，胎动不安。

五加皮

为五加科植物五加（南五加）和萝藦科植物红柳（香五加）的根皮，均生用。

【性味归经】温，辛、苦。入肝经、肾经。

【功效】祛风湿，补肝肾，强筋骨。

【主治】风湿痹痛，四肢拘急，腰膝疼痛，筋骨痿软，水肿等。

（二）利湿药

本类药多味淡性平，以利湿为主，有利尿通淋、消水肿、止水泻的功效，还能引导湿热下行。适用于尿赤涩、淋浊、水肿、水泻、黄疸和风湿性关节疼痛等。

茯 苓

为多孔菌科茯苓菌的干燥菌核，生用。寄生于松树根。

【性味归经】平，甘、淡。入心经、肺经、脾经、胃经、肾经。

【功效】利水渗湿，健脾补中，宁心安神。

【主治】水肿，小便不利，脾虚体倦，慢草不食，痰饮，腹泻，心神不宁等。

车前子

为车前科植物车前或平车前的成熟种子，全草亦入药，生用。

【性味归经】寒，甘、淡。入肝经、肾经、膀胱经。

【功效】利尿通淋，清肝明目。

【主治】湿热所致尿淋浊、泄泻，目赤肿痛。

滑 石

为硅酸盐类矿物滑石族滑石，主为含水硅酸镁，水飞用或研细生用。

【性味归经】寒，甘、淡。入胃经、肺经、膀胱经。

【功效】利水通淋，清热解暑，外用收敛解毒。

【主治】暑热烦渴，暑湿泄泻，尿赤涩痛，淋证，水肿，湿疹，湿疮等。

（三）化湿药

本类药多辛温香燥。芳香可助脾运，燥可祛湿，适用于湿浊内阻，脾为湿困，运化失调等所致的肚腹胀满或呕吐慢草、泄泻等。

藿 香

为唇形科植物广藿香的地上部分，鲜用或生用。

【性味归经】温，辛。入肺经、脾经、胃经。

【功效】芳香化湿，和中止呕，解暑发表。

【主治】肚腹胀满，食欲不振，反胃呕吐，外感风寒，湿热泄泻等。

苍 术

为菊科植物茅苍术和北苍术的根茎，米泔水浸炒黄用。
【性味归经】温，苦、辛。入脾经、胃经、肝经。
【功效】燥湿健脾，祛风胜湿，发汗解表，明目。
【主治】腹胀腹痛，泄泻，呕吐，食少，风寒湿痹，外感风寒挟湿等。

其他祛湿药举例见表3-17。

表3-17　其他祛湿药

药名	药用部位	性味归经	功　效	主　治
路路通	枫香树的成熟果实	平，苦。入肝经、肾经	祛风活络，利水通经	风湿痹痛，乳汁不通，乳痈
独活	根茎	微温，辛、苦。入肾经、膀胱经	祛风除湿，散寒止痛	风寒湿痹，腰胯、后肢痹痛
木通	藤茎	寒，苦。入心经、小肠经、膀胱经	清热利湿，通经下乳	水肿，小便不利，湿热淋浊，产后缺乳等
猪苓	菌核	平，甘、淡。入肾经、膀胱经	利水通淋，除湿消肿	湿热淋浊，水肿，小便不利，泄泻等
泽泻	块茎	寒，甘、淡。入肾经、膀胱经	利水渗湿，泻肾火	小便不利，水肿，泄泻，湿热淋浊等
茵陈	茎叶	微寒，苦。入脾经、胃经、肝经、胆经	清湿热，利黄疸	湿热黄疸，湿热泄泻
金钱草	全草	平，甘、微咸。入肝经、肾经、膀胱经	利水通淋，清热消肿	湿热黄疸，结石，疮疡肿毒等
海金沙	孢子	寒，甘。入小肠经、膀胱经	清湿热，利水排石，消肿	膀胱湿热，热淋疼痛，尿道结石等
通草	茎髓	寒，甘、淡。入肺经、胃经	清热利水，下乳	湿热淋痛，小便不利，产后缺乳等
薏苡仁	种仁	微寒，甘、淡。入脾经、胃肺经	利水渗湿，健脾，除痹，清热排脓	水肿，小便不利，脾虚泄泻，湿痹拘挛，肺痛，肠痛，

续表

药名	药用部位	性味归经	功效	主治
瞿麦	全草	寒，苦。入心经、小肠经、膀胱经	清热，利水，通淋	小便不利，水肿淋证等
草豆蔻	种仁	温，辛，气香。入脾经、胃经	燥湿健脾，温中止呕	脾胃湿滞，呕吐，食欲不振等
佩兰	地上部分	平，辛。入脾经、胃经、肺经	醒脾化湿，解暑辟浊	肚腹胀满，食欲不振，暑热泄泻，翻胃吐草

二、祛湿方

组成以祛湿药为主，治疗湿病的一类方剂，称为祛湿方。常用的祛湿方举例见表3-18。

表3-18　常用祛湿方

方名及来源	组成	功效	主治
独活寄生汤——《备急千金要方》	独活、桑寄生、秦艽、防风、细辛、当归、白芍、川芎、熟地、杜仲、牛膝、党参、茯苓、桂心、甘草	益肝肾，补气血，祛风湿，止痹痛	风寒湿痹，肝肾两亏，气血不足诸证
五苓散——《伤寒论》	猪苓、茯苓、泽泻、白术、桂枝	渗湿利水，温阳化气，和胃止呕	水肿，泄泻，小便不利等
八正散——《和剂局方》	木通、瞿麦、车前子、扁蓄、滑石、甘草梢、栀子、大黄、灯芯草	清热泻火，利尿通淋	热淋，石淋，尿频，尿痛或小便不利等
平胃散——《和剂局方》	苍术、厚朴、陈皮、甘草、生姜、大枣	健脾燥湿，行气和胃，消胀除满	胃寒食少，寒湿困脾
藿香正气散——《和剂局方》	藿香、紫苏、陈皮、白芷、大腹皮、茯苓、白术、半夏、厚朴（姜汁炙）、桔梗、炙甘草	解表化湿，理气和中	外感风寒，内伤阴冷，肚腹胀满，泄泻

任务十三　理气药及方剂

凡能调理气分，疏畅气机，以治疗气滞、气逆证为主要作用的药物，称为理气药。

本类药性味多辛温芳香，具有行气健脾，疏肝解郁，止痛降气等作用。适用于脾胃气滞、肝气郁结所致的胸胁疼痛，食欲不振，肚腹胀满，腹泻或便秘，以及肺气壅滞所致的咳喘等症。临诊用药时，应随证配伍其他药。

理气药易耗气伤阴，故阴虚血燥、体虚气弱的病畜应慎用。

一、理气药

陈　皮

为芸香科植物橘的成熟果皮，生用。药用以陈久者为佳，故习惯上称陈皮。

【性味归经】温，苦、辛。入脾经、肺经。

【功效】理气健脾，燥湿化痰。

【主治】肚腹胀满，消化不良，腹痛泄泻，咳喘等。

【附注】青皮为橘未成熟果皮，有疏肝解郁，破气消积之功。

枳　壳

为芸香科植物香橼或枳的成熟果实，生用或麸炒用。

【性味归经】微寒，苦、辛、酸。入脾经、胃经。

【功效】宽中理气，除胀散满。

【主治】肚腹胀满，大便秘结，痰湿阻滞等。

【附注】枳实为香橼或枳的未成熟果实，偏于理气消胀。

木　香

为菊科植物云木香、川木香的根，均生用或煨用。

【性味归经】温，辛、苦。入脾经、胃经、大肠经、三焦经、胆经。

【功效】行气止痛，温胃和中。

【主治】气滞肚胀，食欲不振，湿热泻痢等。

香 附

为莎草科植物莎草的根茎，生用或醋制、炒炭用。

【性味归经】平，辛、微苦、微甘。入肝经、三焦经。

【功效】疏肝理气，散结止痛。

【主治】肝气郁滞所致食积腹胀，产后瘀血腹痛，乳痈等。

砂 仁

为姜科植物阳春砂、绿壳砂、海南砂的成熟果实，均生用或炒用。

【性味归经】温，辛。入脾经、胃经、肾经。

【功效】化湿开胃，温脾止泻，理气安胎。

【主治】脾胃气滞，脾胃虚寒，肚腹胀满，呕吐泄泻，胎动不安等。

槟 榔

为棕榈科植物槟榔的成熟种子，生用。

【性味归经】温，苦、辛。入脾经、胃经、大肠经。

【功效】杀虫消积，行气利水。

【主治】食积气滞，腹胀便秘，水肿，肠道寄生虫等。

【附药】槟榔果皮称大腹皮，有行气导滞，利水消肿之功，多用于皮肤水肿等证。

其他理气药举例见表3-19。

表3-19 其他理气药

药名	药用部位	性味归经	功 效	主 治
厚朴	树皮	温，苦、辛。入脾经、胃经、大肠经	健脾燥湿，行气宽中，降逆平喘	肚腹胀满，腹痛，呕吐，便秘，气逆咳喘等
佛手	果实	温，辛、苦。入肝经、脾经、肺经	行气止痛，健脾化痰	肝脾不和，肚腹胀痛，食欲不振，痰多咳喘等
草果	果实	温，辛。入脾经、胃经	温中散寒，燥湿祛痰	寒湿阻滞中焦所致肚腹胀满、食少等

二、理气方

组成以理气药为主，用于治疗气分病证的方剂，称为理气方。常用理气方举例见表3-20。

表3-20　常用理气方

方名及来源	组　成	功　效	主　治
越鞠散——《和剂局方》	香附、苍术、川芎、六神曲、栀子	行气解郁，疏肝健脾	肚腹胀满，水谷不消，嗳气呕吐等
三香散——《中国兽药典》	丁香、木香、藿香、青皮、陈皮、槟榔、炒牵牛子	破气消积，宽肠通便	胃肠臌气

任务十四　理血药及方剂

凡能调理血分，治疗血分疾病的药物，称为理血药。

血分病分为血虚、血溢（出血）、血热和血瘀四种。血虚宜补血，血溢宜止血，血热宜凉血，血瘀宜活血。本任务只介绍活血祛瘀药和止血药。使用理血药应注意以下两点。

（1）活血祛瘀药兼有催产下胎作用，对怀孕动物要忌用或慎用。

（2）除大出血应急救止血外，还须注意有无瘀血，若瘀血未尽（如出血暗紫），应酌加活血祛瘀药，以免留瘀之弊；若出血过多，虚极欲脱时，可加用补气药以固脱。

一、理血药

（一）活血祛瘀药

本类药物具有活血祛瘀、疏通血脉的作用，故又叫作行血药，适用于瘀血疼痛，痈肿初起，跌打损伤，产后血瘀腹痛，肿块及胎衣不下等病症。

川　芎

为伞形科植物川芎的根茎，生用，酒炒或麸炒用。

【性味归经】温，辛。入肝经、胆经、心包经。

【功效】活血行气，祛风止痛。

【主治】血瘀气滞作痛，胎衣不下，跌打损伤，疮痈肿毒，风湿痹痛等。

【附注】阴虚火旺、肝阳上亢及子宫出血者忌用。

桃　仁

为蔷薇科植物桃或山桃的种仁，去皮生用或炒用。

【性味归经】平，苦。入心经、肝经、肺经、大肠经。

【功效】破血祛瘀，润燥通便。

【主治】产后瘀血腹痛，跌打损伤，瘀血肿痛，肠燥便秘等。

红　花

为菊科植物红花的花，生用。

【性味归经】温，辛。入心经、肝经。

【功效】活血通经，祛瘀止痛。

【主治】产后瘀血腹痛，胎衣不下，跌打损伤，痈肿疮疡等。

丹　参

为唇形科植物丹参的根及根茎，生用或酒炒用。

【性味归经】微寒，苦。入心经、肝经。

【功效】活血祛瘀，凉血消痈，养血安神。

【主治】产后恶露不尽，瘀滞腹痛，疮痈肿毒，血虚心悸，神昏烦躁等。

牛　膝

为苋科植物牛膝（怀牛膝）或川牛膝的根，生用，醋炒或酒炒用。

【性味归经】平，苦、甘、酸。入肝经、肾经。

【功效】活血通经，利尿通淋，引火（血）下行，补肝肾，强筋骨。

【主治】产后腹痛，跌打损伤，腰胯无力，胎衣不下，四肢疼痛，水肿，小便不利等。

益母草

为唇形科植物益母草的全草，生用。本品是治疗胎产疾病的要药。

【性味归经】微寒，苦、辛。入肝经、心经、膀胱经。

【功效】活血祛瘀，利尿消肿，清热解毒。

【主治】产后瘀血疼痛，恶露不尽，小便不利，水肿，皮肤瘙痒，疮痈肿毒等。

（二）止血药

本类药具有制止内外出血的作用，适用于各种出血证，如便血、衄血、尿血、子宫出血及创伤出血等。

地　榆

为蔷薇科植物地榆的根，生用或炒炭用。

【性味归经】微寒，苦、酸。入肝经、胃经、大肠经。

【功效】凉血止血，解毒敛疮。

【主治】各种出血，烧伤烫伤，湿疹，疮疡痈肿等。

蒲 黄

为香蒲科植物水烛香蒲或同属植物的花粉，生用或炒用。

【性味归经】平，甘。入肝经、脾经、心包经。

【功效】活血祛瘀，收敛止血。

【主治】各种出血证。

其他理血药举例见表3-21。

表3-21 其他理血药

药名	药用部位	性味归经	功 效	主 治
乳香	乳香的树脂	温，苦、辛。入肝经	活血止痛，消肿生肌	跌打损伤，瘀血肿痛等
没药	没药的树脂	平，苦。入肝经、胃经	活血祛瘀，消肿止痛	跌打损伤，瘀血肿痛等
王不留行	种子	平，苦。入肝经、胃经	活血通经，下乳消痈	产后腹痛，乳痈肿痛，痈肿疮疡
赤芍	根茎	凉，苦。入肝经	清热凉血，活血，消肿止痛	血热，跌打损伤，疮痈肿痛等
穿山甲	鳞甲	微寒，苦。入心经、肝经	活血通络，消肿排脓，通窍下乳	痈疮肿毒，乳汁不通，风湿痹症
白及	根茎	平，苦。入肝经	散瘀止痛，续筋接骨	跌打损伤，骨折伤筋
槐花	花蕾	微寒，苦。入肝经、大肠经	凉血止血，清肝明目	多用于便血，肝炎上炎
侧柏叶	叶	寒，苦、甘、涩。入肺经、胃经、肝经	收敛止血，消肿生肌	肺胃出血，外伤出血，痈肿疮疡
大蓟	全草	凉，甘。入肝经、心经	凉血止血，散痈肿	出血证，痈肿疮毒
小蓟	地上部分	凉，甘、苦。入心经、肝经	凉血止血，散痈肿	各种出血证，痈肿疮毒

续表

药名	药用部位	性味归经	功　效	主　治
茜草	根及根茎	寒，苦。入肝经	凉血止血，活血祛瘀	出血，跌打损伤
三七	根及根茎	寒，甘。入心经、肝经	凉血止血，清热安胎，利尿解毒	血热出血，胎动不安，小便淋漓不畅
仙鹤草	全草	微温，苦、涩。入肝经、脾经、肺经	收敛、止血、补虚杀虫	各种出血，劳伤，外寄生虫
虎杖	根茎和根	微寒，微苦。入肝经、胆经、肺经	祛风利湿，散瘀定痛，止咳化痰	风湿痹痛，跌打损伤，肺热咳嗽

二、理血方

以理血药为主要组成，用于治疗血分疾病的方剂，称为理血方。常用理血方举例见表3-22。

表3-22　常用理血方

方名及来源	组　成	功　效	主　治
桃红四物汤——《医宗金鉴》	桃仁、当归、赤芍、红花、川芎、生地	活血祛瘀，补血止痛	血瘀诸证
红花散——《元亨疗马集》	红花、没药、桔梗、六神曲、枳壳、当归、山楂、厚朴、陈皮、甘草、白药子、黄药子、麦芽	健脾燥湿，行气和胃，消胀除满	料伤五攒痛，即现代兽医学中的蹄叶炎
益母生化散——《中国兽药典》	当归、益母草、川芎、桃仁、炮姜、炙甘草	活血化瘀，温经止痛	产后恶露不行，血瘀腹痛
通乳散——《中国兽药典》	当归、王不留行、黄芪、路路通、红花、通草、漏芦、瓜蒌、泽兰、丹参	通经下乳	产后乳少，乳汁不下
槐花散——《本事方》	炒槐花、炒侧柏叶、荆芥炭、炒枳壳	清肠止血，疏风理气	肠风下血，以便血、血色鲜红为主症

续表

方名及来源	组　成	功　效	主　治
秦艽散—— 《元亨疗马集》	秦艽、炒蒲黄、瞿麦、车前子、天花粉、黄芩、大黄、红花、当归、白芍、栀子、甘草、淡竹叶	清热通淋，祛瘀止血	热积膀胱，弩伤尿血
促孕灌注液	淫羊藿、益母草、红花	补肾壮阳，活血化瘀，催情促孕	卵巢静止和持久黄体的不孕症

【职业能力测试】

一、判断题（正确的在括号里画"√"，错误的画"×"）

1. 以治疗气滞、气逆证为主要作用的药物，称为理气药。（　　）

2. 陈皮能理气健脾，燥湿化痰。（　　）

3. 车前子、五加皮均能补肝肾，强筋骨。（　　）

4. 木瓜收敛止血，善治各种出血证。（　　）

5. 牛膝能利水渗湿，健脾和中。（　　）

6. 滑石能利尿通淋，清热解暑。（　　）

7. 藿香正气散用于血瘀诸证。（　　）

8. 桃仁能活血祛瘀，润肠通便。（　　）

9. 红花能活血通经，祛瘀止痛。（　　）

10. 怀孕动物要忌用或慎用活血祛瘀药。（　　）

二、填空题

1. 祛湿药分为＿＿＿＿＿＿、＿＿＿＿＿＿和＿＿＿＿＿＿。

2. 祛湿药主治＿＿＿＿＿＿、＿＿＿＿＿＿、＿＿＿＿＿＿等证。

3. 常用渗湿利水药有＿＿＿＿＿、＿＿＿＿＿＿＿等。

4. 常用祛风胜湿药有＿＿＿＿＿＿、＿＿＿＿＿＿等。

5. 理气药适用于＿＿＿＿＿引起的＿＿＿＿＿、＿＿＿＿＿等。

6. 常用理气药有＿＿＿＿＿、＿＿＿＿＿、＿＿＿＿＿等。

7. 活血祛瘀药主治＿＿＿＿＿、＿＿＿＿＿、＿＿＿＿＿＿等。

8. 常用活血祛瘀药有＿＿＿＿＿、＿＿＿＿＿＿等。

9. 常用止血药有＿＿＿＿＿、＿＿＿＿＿＿等。

10. 生化汤主治＿＿＿＿＿＿、＿＿＿＿＿＿、＿＿＿＿＿＿等。

三、单项选择题

1. （　　）具有祛风除湿、利水渗湿、芳香化湿等作用。

A. 理气药　　　　　B. 祛湿药　　　　　C. 理血药　　　　D. 泻下药

2. 茯苓的功效不包括（　　）。

A. 利水渗湿　　　　B. 健脾补中　　　　C. 宁心安神　　　　D. 杀虫消积

3.（　　）为芳香化湿药。

A. 独活、羌活　　　B. 藿香、苍术　　　C. 槟榔、车前子　　D. 海金沙、木通

4.（　　）为理气药。

A. 陈皮　　　　　　B. 五加皮　　　　　C. 桑寄生　　　　　D. 威灵仙

5.（　　）无活血作用。

A. 郁金　　　　　　B. 川芎　　　　　　C. 滑石　　　　　　D. 丹参

6.（　　）无理气作用。

A. 通草　　　　　　B. 厚朴　　　　　　C. 枳壳或枳实　　　D. 香附

7.（　　）无止血作用。

A. 蒲黄　　　　　　B. 木香　　　　　　C. 侧柏叶　　　　　D. 地榆

8. 三七属于（　　），能散瘀止血，消肿止痛。

A. 理血药　　　　　B. 温里药　　　　　C. 理气药　　　　　D. 祛湿药

9. 母畜产后缺乳，宜用（　　）。

A. 通乳散　　　　　B. 白虎汤　　　　　C. 桃红四物汤　　　D. 白头翁散

10. 母畜产后恶露不尽，宜选用（　　）加减。

A. 麻黄汤　　　　　B. 三香散　　　　　C. 生化汤　　　　　D. 平胃散

四、简答题

1. 简述益母草、陈皮、仙鹤草的功效主治。

2. 比较通乳散、生化汤的主治。

任务十五　补虚药及方剂

凡能补益机体气血阴阳不足，治疗虚证的药物，称为补虚药或补益药。

虚证主要分为气虚、血虚、阴虚、阳虚四证。所以其补养药也相应地分为补气、补血、滋阴、壮阳四类。补气和助阳，补血和养阴，常相须为用。

若病邪未解，正气已虚，则以祛邪为主，酌加补虚药扶正，以增强抵抗力，达到既祛邪又扶正的目的。补气助阳药多甘温辛燥，易耗阴液，凡阴虚火旺者慎用；滋阴药多甘凉滋腻，凡阳虚阴盛、脾虚泄泻者不宜用。

一、补虚药

（一）补气药

本类药多味甘，性平或偏温，主入脾经、胃经、肺经，具有补肺气，益脾气的功效，适用于脾肺气虚证。脾气虚证多见精神倦怠、食欲不振、肚腹胀满、泄泻等；肺气虚常见气短气少，动则气喘，自汗无力等。

党　参

为桔梗科植物党参的根，生用或蜜炙用。

【性味归经】平，甘。入脾经、肺经。

【功效】健脾补肺，益气养血，生津止渴。

【主治】久病气虚，倦怠乏力，器官下垂，肺虚喘促，脾虚泄泻，热病伤津等。

黄　芪

为豆科植物黄芪的根，生用或蜜炙用。

【性味归经】微温，甘。入脾经、肺经。

【功效】补气升阳，固表止汗，托毒生肌，利水消肿。

【主治】脾肺气虚，气虚下陷，器官下垂，疮疡溃后久不收口，气虚水肿等。

【附注】本品为补气助阳之要药，能提高机体免疫力。

白　术

为菊科植物白术的根茎，生用或麸炒、土炒用。

【性味归经】温，甘、苦。入脾经、肾经。

【功效】益气健脾，燥湿利水，固表止汗，养血安胎。

【主治】脾虚泄泻，食少，水肿，自汗，胎动不安等。

山　药

为薯蓣科植物薯蓣的块根，生用或炒用。

【性味归经】平，甘。入脾经、肺经、肾经。

【功效】补脾益胃，补肺养阴，补肾涩精。

【主治】脾胃虚弱，食少纳差，泄泻，肺虚久咳，肾虚遗精，尿频等。

甘　草

为豆科植物甘草的根，生用或蜜炙用。

【性味归经】平，甘。入十二经。

【功效】补中益气，清热解毒，润肺止咳，缓和药性。

【主治】脾胃虚弱，疮疡肿痛，咳喘，咽喉肿痛，中毒等。

（二）补血药

本类药多味甘，性平或偏温，多入心经、肝经、脾经，有补血的功效，适用于体瘦毛焦、口色淡白、精神萎靡、心悸脉弱等血虚之证。

当　归

为伞形科植物当归的根，切片生用或酒炒用。
【性味归经】温，甘、辛。入肝经、脾经、心经。
【功效】补血活血，祛瘀止痛，润肠通便。
【主治】血虚劳伤，瘀血肿痛，胎产诸疾，肠燥便秘等。

熟地黄

为玄参科植物地黄的块根，经加工炮制而成，切片生用。
【性味归经】微温，甘。入心经、肝经、肾经。
【功效】补血滋阴，益精填髓。
【主治】血虚证，肾阴不足等。
【附注】本品能增强机体免疫功能。

何首乌

为蓼科植物何首乌的块根，生用或制用。晒干未经炮制的为生首乌，加黑豆汁反复蒸晒后为制首乌。
【性味归经】微温，甘、苦、涩。入肝经、肾经。
【功效】生首乌：润肠通便，解疮毒。制首乌：补肝肾，益精血。
【主治】血虚，肝肾阴虚，肠燥便秘，疮黄肿毒。

（三）助阳药
本类药味甘或咸，性温或热，多入肝经、肾经，有补肾助阳、强筋壮骨作用，适于形寒肢冷，腰胯无力，阳痿滑精，肾虚泄泻等。

淫羊藿

为小檗科植物淫羊藿的全草，生用或用羊脂油炙用。
【性味归经】温，辛。入肾经。
【功效】温肾助阳，强筋壮骨，祛风除湿。
【主治】肾虚阳痿，宫冷不孕，风湿痹痛，筋骨无力，腰膝冷痛，尿频。

杜　仲

为杜仲科植物杜仲的树皮，盐水炒或炒炭用。

【性味归经】温，甘、微辛。入肝经、肾经。

【功效】补肝肾，强筋骨，安胎。

【主治】腰膝酸痛，筋骨乏力，肾虚阳痿，风寒湿痹，胎动不安或习惯性流产。

（四）滋阴药

本类药味多甘，性平或凉，主入肺经、胃经、肝经、肾经。具有滋肾阴、补肺阴、养胃阴、益肝阴的功效，适用于口干舌燥、津少口渴、眼干目昏、腰胯无力等阴虚证。

枸杞子

为茄科植物宁夏枸杞子的干燥成熟果实，生用。

【性味归经】平，甘。入肝经、肾经。

【功效】滋补肝肾，益精明目。

【主治】肝肾阴虚，视物不清等。

天门冬

为百合科植物天门冬的块根，生用。

【性味归经】寒，甘、苦。入肺经、肾经。

【功效】清肺化痰，养阴润燥。

【主治】肺热燥咳，热病伤阴等。

麦门冬

为百合科植物麦门冬的块根，生用。

【性味归经】微寒，甘、微苦。入肺经、胃经、心经。

【功效】清心润肺，益胃生津。

【主治】肺热燥咳，热病伤阴，肠燥便秘等。

沙　参

南沙参为桔梗科轮叶沙参或杏叶沙参的根，北沙参为伞形科植物珊瑚菜的根，均生用。

【性味归经】微寒，甘、微苦。入肺经、胃经。

【功效】润肺止咳，益胃生津。

【主治】久咳肺虚及热伤肺阴。

百　合

为百合科植物百合的肉质鳞茎，生用或蜜炙用。

【性味归经】微寒，甘。入心经、肺经。

【功效】润肺止咳，清心安神。

【主治】肺燥咳喘，肺虚久咳，躁动不安。

其他补虚药举例见表3-23。

表3-23　其他补虚药

药名	药用部位	性味归经	功　效	主　治
白芍	根	微寒，苦、酸。入肝经、脾经	养血敛阴，平肝止痛，安胎	血虚，躁动不安，腹痛，胎动不安等
阿胶	驴皮加工品	平，甘。入肺经、肾经、肝经	补血止血，滋阴润肺，安胎	血虚体弱，多种出血证，妊娠胎动等
大枣	果实	温，甘。入脾经、胃经	补中益气，养血安神，缓和药性	脾胃虚弱，食少便溏
补骨脂	果实	温，辛、苦。入肾经、脾经	补肾壮阳，固精缩尿，温脾止泻	肾阳不足，命门火衰，阳痿不举，腰膝冷痛，跌打损伤，久泻久痢
骨碎补	种子	温，苦。入肝经、肾经	活血续筋，补肾壮骨	跌打损伤，肾虚腰痛久泻
菟丝子	种子	温，甘。入肝经、肾经、脾经	补益肝肾，固精缩尿	阳痿不举，宫冷不孕，肾虚滑精
锁阳	肉质茎	温，甘。入肝经、肾经、大肠经	补肾阳，益精血，润肠通便	阳痿，滑精，腰胯无力，肠燥便秘
巴戟天	根	微温，辛、甘。入肝经、肾经	补肾阳，强筋骨，祛风湿	阳痿滑精，腰膝疼痛，风湿痹痛等
肉苁蓉	肉质茎	温，甘、咸。入肾经、大肠经	补肾壮阳，润肠通便	阳痿滑精，早泄，腰膝疼痛，肠燥便秘等
山茱萸	果实	微温，酸、涩。入肝经、肾经	补益肝肾，涩精缩尿	腰膝酸软，阳痿不举，滑精，体虚欲脱
玉竹	根茎	平，甘。入肺经、胃经	滋阴润肺，养胃生津	肺燥干咳，口渴贪饮
石斛	根茎	微寒，甘。入胃经、肾经	养阴清热，益胃生津	津伤烦渴，阴虚发热
女贞子	果实	凉，甘、苦。入肝经、肾经	滋补肝肾	肝肾阴虚，阴虚发热

二、补虚方

组成以补虚药为主，治疗各种虚证的方剂，称为补虚方。常用的补虚方举例见表3-24。

表3-24　常用补虚方

方名及来源	组　成	功　效	主　治
四君子汤——《和剂局方》	党参、炒白术、茯苓、炙甘草	益气健脾	脾胃气虚，食少，体瘦
补中益气汤——《脾胃论》	炙黄芪、柴胡、升麻、党参、白术、当归、陈皮、炙甘草	补中益气，升阳举陷	脾胃气虚及气虚下陷证
生脉饮——《内外伤辨惑论》	党参、麦门冬、五味子	补气生津，敛阴止汗	暑热伤气
四物汤——《和剂局方》	熟地黄、白芍、当归、川芎	补血调血	血虚，血瘀诸证
六味地黄汤——《小儿药证直诀》	熟地黄、山茱萸、山药、泽泻、茯苓、丹皮	滋补肝肾	肝肾阴虚，腰胯无力，盗汗，阴虚发热
巴戟散——《元亨疗马集》	巴戟天、肉苁蓉、胡芦巴、小茴香、肉豆蔻、陈皮、青皮、肉桂、木通、川楝子、槟榔、补骨脂	温补肾阳，通经止痛，散寒除湿	肾阳虚衰所致腰胯疼痛、后腿难移，腰脊僵硬等
肾气丸——《金匮要略》	熟地、山药、山茱萸、茯苓、泽泻、丹皮、附子（炮）、肉桂	温补肾阳	肾阳虚衰所致尿清粪溏、后肢水肿，四肢发凉，阳痿滑精等
催情散——《中国兽药典》	淫羊藿、阳起石（酒淬）、当归、香附、益母草、菟丝子	温肾壮阳，活血催情	母猪不发情及血虚不孕

任务十六　固涩药及方剂

凡具有收敛固涩作用，治疗各种滑脱证的药物，称为固涩药。

本类药物多为酸、涩之品，分别具有敛汗、止泻、固精、缩尿、止血、止咳等作

74

用，主要适用于各种滑脱不收的虚证，如久泻、久痢、脱肛、子宫脱垂、滑精、自汗、虚汗等症。按其作用，本类方药又分为涩肠止泻药和敛汗涩精药两类。

使用本类药物，凡表邪未解或内有实邪者，应当忌用或慎用，以免留邪；肾火过旺的滑精和湿热未清的久泻者，亦应忌用。

一、固涩药

（一）涩肠止泻药

本类药性味酸涩，入肺经与大肠经，具有涩肠止泻、固脱作用，适用于脾肾虚寒所致的久泻久痢、二便失禁、脱肛或子宫脱垂等。

乌　梅

为蔷薇科植物梅的未成熟果实（青梅），去核生用或炒炭用。

【性味归经】平，酸、涩。入肝经、脾经、肺经、大肠经。

【功效】敛肺止咳，涩肠止泻，安蛔止痛，生津止渴。

【主治】肺虚久咳，久泻久痢，伤津口渴，蛔虫病。

诃　子

为使君子科植物诃子的成熟果实，生用或煨用。

【性味归经】温，苦、酸、涩。入肺经、大肠经。

【功效】涩肠止泻，敛肺止咳，下气利咽。

【主治】久泻久痢，脱肛，肺虚久咳，咽喉肿痛等。

（二）敛汗涩精药

本类药性多酸涩，具有固肾涩精、缩尿的作用，适用于肾虚气弱所致的自汗、盗汗、阳痿、滑精、尿频等症。

五味子

为木兰科植物五味子的成熟果实，生用或经蜜炙用。

【性味归经】温，酸、甘。入肺经、心经、肾经。

【功效】敛肺滋肾，生津敛汗，涩精止泻，宁心安神。

【主治】久咳虚喘，久泻，自汗，盗汗，滑精等。

牡　蛎

为牡蛎科海产动物长牡蛎的贝壳，生用或煅用。

【性味归经】微寒，咸、涩。入肝经、胆经、肾经。

【功效】平肝潜阳，软坚散结，敛汗涩精。

【主治】躁动不安，虚汗，滑精等。

其他固涩药举例见表3-25。

表3-25　其他固涩药

药名	药用部位	性味归经	功　效	主　治
石榴皮	果皮	温，酸、涩。入肺经、大肠经	涩肠止泻，止血，驱虫	久泻久痢，驱杀蛔虫、蛲虫
五倍子	种仁	温，酸、涩。入大肠经	敛肺止咳，涩肠止泻，收敛敛疮，敛汗涩精	肺虚久咳，久泻久痢，出血证，疮黄肿毒
金樱子	果实	平，酸、涩。入肾经、膀胱经、大肠经	固肾涩精，涩肠止泻	滑精、尿频，脾虚泄泻等
肉豆蔻	种仁	温，辛。入脾经、胃经、大肠经	温中行气，涩肠止泻	脾胃虚寒，久泻不止，肚腹胀痛，食欲不振等

二、固涩方

组成以固涩药为主，治疗各种滑脱证的方剂，称为固涩方。常用固涩方举例见表3-26。

表3-26　常用固涩方

方名及来源	组　成	功　效	主　治
乌梅散——《蕃牧纂验方》	乌梅（去核）、干柿、诃子肉、黄连、郁金	涩肠止泻，清热燥湿	幼驹奶泻及其他小动物的湿热下痢
牡蛎散——《和剂局方》	麻黄根、生黄芪、煅牡蛎、浮小麦	固表敛汗	体虚多汗
玉屏风散——《世医得效方》	黄芪、白术、防风	益气固表，止汗	表虚自汗及体虚易感风邪
杨树花口服液《中国兽药典》	杨树花	化湿止痢	痢疾，肠炎

【职业能力测试】

一、判断题（正确的在括号里画"√"，错误的画"×"）

1. 补虚药分为补气、补血、滋阴、壮阳四类。（　　　）

2. 具有收敛固涩作用，治疗各种滑脱证的药物，称为固涩药。（　　　）

3. 补中益气汤主治肝胆气虚或气逆证。（　　　）

4. 补气药适用于脾肺气虚证。（　　　）

5. 滋阴药有补肾助阳、强筋壮骨作用。（　　　）

6. 固涩药治疗各种滑脱证。（　　　）

7. 补血药具有收敛固涩作用。（　　　）

8. 涩肠止泻药适用于久泻久痢等证。（　　　）

9. 敛汗涩精药具有补血作用。（　　　）

10. 乌梅散的功效为涩肠止泻，清热燥湿。（　　　）

二、填空题

1. 补虚药分为＿＿＿＿＿＿＿、＿＿＿＿＿＿＿、＿＿＿＿＿＿＿和壮阳四类。

2. 补气药具有＿＿＿＿＿＿＿、＿＿＿＿＿＿＿的功效，适用于＿＿＿＿＿＿＿。

3. 常用补气药有＿＿＿＿＿＿＿、＿＿＿＿＿＿＿、＿＿＿＿＿＿＿等。

4. 常用补血药有＿＿＿＿＿＿＿、＿＿＿＿＿＿＿、＿＿＿＿＿＿＿等。

5. 助阳药有＿＿＿＿＿＿＿、＿＿＿＿＿＿＿作用，主要用于＿＿＿＿＿＿＿。

6. 滋阴药具有＿＿＿＿＿＿＿、＿＿＿＿＿＿＿等功效。

7. 常用滋阴药有＿＿＿＿＿＿＿、＿＿＿＿＿＿＿、＿＿＿＿＿＿＿等。

8. 凡具有＿＿＿＿＿＿＿作用，治疗各种＿＿＿＿＿＿＿的药物，称为固涩药。

9. 涩肠止泻药适用于＿＿＿＿＿＿＿、＿＿＿＿＿＿＿、＿＿＿＿＿＿＿等。

10. 敛汗涩精药适用于＿＿＿＿＿＿＿、＿＿＿＿＿＿＿、＿＿＿＿＿＿＿等。

三、单项选择题

1. （　　　）不是黄芪的功效。

A. 固表止汗　　　　B. 消肿止痛　　　　C. 补气升阳　　　　D. 利水消肿

2. 治气虚下陷、久泻脱肛，首选的一组药物是（　　　）。

A. 党参、白术、升麻　　　B. 党参、升麻、柴胡

C. 黄芪、桔梗、升麻　　　D. 黄芪、升麻、柴胡

3. 不属于补气药的一组是（　　　）。

A. 党参、黄芪　　　　B. 甘草、白术　　　　C. 黄连、肉桂　　　　D. 山药、人参

4. （　　　）生用润肠通便，制用补肝肾，益精血。

A. 当归　　　　B. 何首乌　　　　C. 熟地　　　　D. 白芍

5. （　　　）无安胎功效。

A. 阿胶　　　　B. 白芍　　　　C. 白术　　　　D. 当归

6. （　　　）的功效为温肾助阳，强筋壮骨，祛风除湿。

A. 淫羊藿　　　　B. 山药　　　　C. 黄芩　　　　D. 大黄

7. （　　　）具有健脾益气、清热解毒、调和药性等作用。

A. 党参　　　　B. 柴胡　　　　C. 甘草　　　　D. 白术

8.（　　）的功效为补肝肾，强筋骨，安胎。

A. 杜仲　　　　　　　B. 肉苁蓉　　　　　　C. 巴戟天　　　　　　D. 人参

9.（　　）的功效为滋补肝肾，益精明目。

A. 百合　　　　　　　B. 麦门冬　　　　　　C. 天门冬　　　　　　D. 枸杞子

10.（　　）主治久泻久痢，脱肛，肺虚久咳，咽喉肿痛等。

A. 乌梅　　　　　　　B. 牡蛎　　　　　　　C. 肉豆蔻　　　　　　D. 诃子

四、简答题

1. 黄芪、当归、乌梅、诃子功能主治有何不同？

2. 比较肾气丸、六味地黄汤、乌梅散的功效及主治。

任务十七　平肝药及方剂

凡能清肝热、熄肝风的药物，称平肝药。具有清泻肝火、平肝潜阳、镇痉熄风的功能，治疗肝受风热外邪侵袭引起的目赤肿痛，云翳遮睛及肝风内动所致的抽搐痉挛等症。

一、平肝药

（一）平肝明目药

本类药性多甘咸寒凉，走肝经，具有清降肝火，宣散风热，退翳明目的功效，适用于肝火亢盛，肝经风热，睛生翳膜等证。

石决明

为鲍科动物鲍的贝壳，生用或煅用。

【性味归经】寒，咸。入肝经。

【功效】平肝潜阳，清肝明目。

【主治】目赤肿痛，睛生翳障。常与菊花、夏枯草等同用。

决明子

为豆科植物决明的成熟种子，生用或炒用。

【性味归经】微寒，甘、苦、咸，入肝经、大肠经。

【功效】清肝明目，润肠通便。

【主治】目赤肿痛，粪便燥结。

（二）平肝熄风药

本类药多主入肝经，有平肝潜阳、熄风止痉的作用。主要适用于肝阳上亢、肝风内动、痉挛抽搐等证。

钩　藤

为茜草科植物钩藤及华钩藤的带钩茎枝，均生用。

【性味归经】微寒，甘。入肝经、心包经。

【功效】熄风止痉，平肝清热。

【主治】热病惊风，痉挛抽搐，癫痫，目赤肿痛，破伤风，外感风热等。

其他平肝药举例见表3-27。

表3-27　其他平肝药

药名	药用部位	性味归经	功　效	主　治
青葙子	种子	微寒，苦。入肝经	清肝火，明目退翳	目赤肿痛，睛生翳障
木贼	干燥地上部分	平，甘、微苦。入肺经、肝经、胆经	散风热，退翳明目	外感风热，目赤肿痛，畏光流泪，睛生翳障
密蒙花	花蕾及其花序	微寒，甘。入肝经	清热养肝，明目退翳	目赤肿痛，睛生翳膜
天麻	根茎	甘，平。入肝经	熄风止痉，平抑肝阳，祛风通络	惊风抽搐，破伤风，癫痫，风湿痹证
僵蚕	蚕僵化虫体	平，辛、咸。入肝经、肺经	祛风解痉，化痰散结	高热抽搐，咽喉肿痛，风疹瘙痒等
地龙	虫体	寒，咸。入肝经、脾经	清热定惊，平喘利尿	高热惊风，气喘水肿
全蝎	虫体	平，辛，有毒。入肝经	熄风止痉，通络止痛，攻毒散结	高热惊风抽搐，癫痫，中风，风湿顽痹，疮疡肿毒等
蜈蚣	虫体	温，辛。入肝经	熄风止痉，通络止痛，攻毒散结	破伤风，痉挛抽搐，疮疡肿毒，毒蛇咬伤，风湿痹痛等

二、平肝方

组成以平肝药为主，用于治疗肝火上炎、肝风内动的方剂，称为平肝方。常用平肝方举例见表3-28。

表3-28　常用平肝方

方名及来源	组　成	功　效	主　治
决明散——《元亨疗马集》	煅石决明、草决明、栀子、大黄、白药子、黄药子、黄芪、黄芩、黄连、没药、郁金，加蜂蜜、鸡蛋清同调灌服	清肝明目，退翳清瘀	肝经积热，外传于眼所致的目赤肿痛，云翳遮眼等

任务十八　安神开窍药及方剂

凡具有安神、开窍作用的药物，称为安神开窍药。适用于心神不宁、窍闭神昏病症。

一、安神开窍药

（一）安神药

本类药物以入心经为主。具有镇静安神作用。适用于心悸、狂躁不安之证。

朱　砂

为天然三方晶系硫化物类矿物辰砂族辰砂，研细水飞生用。

【性味归经】寒，甘，有毒。入心经。

【功效】镇心安神，清热解毒。

【主治】心神不宁，躁动不安，癫狂，惊痫，疮疡肿毒，咽喉肿痛，口舌生疮。

（二）开窍药

本类药物药性走窜，具有通关开窍、苏醒神昏的作用。适用于高热神昏、癫痫、气滞痰闭等猝然昏倒症候。也适用于急性肚胀的病例。

石菖蒲

为天南星科植物石菖蒲的根茎，生用或炒用。

【性味归经】温，苦、辛。入心经、肝经、胃经。

【功效】豁痰开窍，宁心安神，化湿和胃。

【主治】痰浊蒙蔽心窍，神志昏迷，癫痫抽搐，食欲不振，肚腹胀满等。

皂　角

为豆科植物皂荚的果实，生用。

【性味归经】温，辛、咸，有小毒。入肺经、大肠经。

【功效】豁痰开窍，消肿排脓。

【主治】顽痰风痰，癫痫，疮痈肿毒。

其他安神开窍药举例见表3-29。

表3-29 其他安神开窍药

药名	药用部位	性味归经	功效	主治
酸枣仁	种仁	平，甘、酸。入心经、肝经、胆经、脾经	养心安神，敛汗生津	虚火上炎，心神不宁，躁动不安，津伤口渴，盗汗等
远志	根	微温，苦、辛。入心经、肾经、肺经	宁心安神，祛痰开窍，消痈散肿	惊恐不安，癫痫，痉挛抽搐，咳嗽痰多，疮疡痈疽等
柏子仁	种仁	平，甘。入心经、肾经、大肠经	养心安神，润燥，止汗	心虚惊悸，肠燥便秘
合欢皮	树皮	平，甘。入心经、肝经	安神解郁，活血消肿	心烦不宁，跌打损伤，疮痈肿毒
蟾酥	蟾蜍分泌物	温，辛，有毒。入心经	解毒消肿，止痛，开窍	咽喉肿痛、疮黄疔毒、神昏等
牛黄	牛的干燥胆囊结石	凉，苦、甘。入心经、肝经	豁痰开窍，清热解毒，熄风定惊	热病神昏，癫痫，咽喉肿痛，痉挛抽搐

二、安神开窍方

组成以安神药、开窍药为主，治疗心神不宁、窍闭神昏病证的方剂，称为安神开窍方。常用安神开窍方举例见表3-30。

表3-30 常用安神开窍方

方名及来源	组成	功效	主治
朱砂散——《元亨疗马集》	朱砂（另研）、党参、茯苓、黄连	清心安神，扶正祛邪	心热风邪，脑黄
通关散——《丹溪心法附余》	猪牙皂角、细辛	通关开窍	高热神昏，痰迷心窍
清开灵注射液	胆酸、珍珠母、猪去氧胆酸、栀子、水牛角、板蓝根、黄芩、金银花	清热解毒，化痰通络，醒神开窍	温热病过程中的高热、神昏。如猪瘟、猪乙型脑炎、犬瘟热等

【职业能力测试】

一、判断题（正确的在括号里画"√"，错误的画"×"）

1.凡能清肝热、熄肝风的药物，称平肝药。（　　　）

2.平肝药可分为平肝明目药和平肝熄风药两类。（　　　）

3.平肝明目药适用于心经风热所致的目赤肿痛等症。（　　　）

4.安神开窍药适用于发热昏狂，躁扰不安，四肢抽搐，窍闭惊厥等。（　　　）

5.草决明能清肝明目，润肠通便。（　　　）

6.皂角能豁痰开窍，消肿排脓，润肠通便，杀虫止痒。（　　　）

二、填空题

1.平肝药主治_____、_____、_____等证。

2.常用平肝熄风药有_____、_____、_____等。

3.安神开窍药具有_____、_____、_____等功效。

4.钩藤主治_____、_____、_____等病症。

5.僵蚕的功效为_____、_____、_____。

6.石菖蒲的功效为_____、_____、_____。

三、选择题

1.（　　）的功效为熄风止痉，通络止痛，攻毒散结。

A.石决明　　　　B.草决明　　　　C.天麻　　　　D.全蝎

2.（　　）不用于治疗目赤肿痛。

A.草决明　　　　B.青葙子　　　　C.蜈蚣　　　　D.木贼

3.（　　）可镇心安神，清热解毒。

A.酸枣仁　　　　B.朱砂　　　　C.石菖蒲　　　　D.地龙

4.（　　）无涩肠止泻作用。

A.诃子　　　　B.乌梅　　　　C.石榴皮　　　　D.石决明

5.（　　）的功效为固肾涩精，涩肠止泻。

A.金樱子　　　　B.小蓟　　　　C.桃仁　　　　D.金钱草

6.（　　）主治肝经积热，外传于眼的目赤肿痛等。

A.保和丸　　　　B.郁金散　　　　C.决明散　　　　D.通关散

四、简答题

1.简述牛黄的功效及主治。

2.决明散、朱砂散、通关散分别主治哪些病证？

任务十九　驱虫药及方剂

凡能驱除或杀灭动物体内外寄生虫的药物，叫作驱虫药。其具有驱除或杀灭蛔虫、蛲虫、钩虫、绦虫、姜片吸虫、肝片吸虫、疥癣、虱、某些原虫等动物体内外寄生虫的作用。

驱虫药不但对虫体有毒害作用，而且对畜体也有不同程度的副作用，使用时必须掌握药物的用量和配伍，以免造成牲畜中毒。

一、驱虫药

使君子

为使君子科植物使君子的果实，生用或去壳取仁炒用。
【性味归经】温，甘。入脾经、胃经。
【功效】健脾燥湿，杀虫消积。
【主治】蛔虫、蛲虫引起的腹胀腹痛。

川楝子

为楝科植物川楝的果实，生用。川楝皮（苦楝皮）亦入药，功用杀虫疗疥。
【性味归经】寒，苦，有小毒。入肝经、心包经、小肠经、膀胱经。
【功效】杀虫，理气，止痛。
【主治】蛔虫病，蛲虫病，疝气，肚腹胀痛等。

贯　众

为鳞毛蕨科植物贯众的根茎，生用。
【性味归经】寒，苦，有小毒。入肝经、胃经。
【功效】驱虫，清热解毒。
【主治】绦虫病，蛲虫病，钩虫病，肝片吸虫病，湿热毒疮。
【附注】贯众因其有抑菌防病和驱虫壮膘作用，常作为中草药饲料添加剂应用。

其他驱虫药举例见表3-31。

表3-31　其他驱虫药

药名	药用部位	性味归经	功　效	主　治
雷丸	菌核	寒，苦，有小毒。入胃经、大肠经	杀虫消积	虫积腹痛，如绦虫病，蛔虫病，钩虫病等
蛇床子	果实	温，辛、苦。入肾经	燥湿杀虫，温肾壮阳	湿疹瘙痒，阳痿，宫寒不孕

续表

药名	药用部位	性味归经	功 效	主 治
鹤虱	种子	平，苦、辛，有小毒。入脾经、胃经	杀虫，止痒	蛔虫病，蛲虫病，绦虫病，钩虫病，疥癣等
南瓜子	种子	平，甘。入胃经、大肠经	驱虫	绦虫病，血吸虫病，蛔虫病
大蒜	鳞茎	温，辛。入脾经、胃经、肺经	理气开胃，解毒，止痢，杀虫	慢草不食，肚腹胀满，下痢，腹泻，蛲虫病，钩虫病等
常山	根	寒，苦、辛。入肺经、肝经、心经	杀虫，除痰消积	疟原虫病，球虫病，宿草不转等

二、驱虫方

组成以驱虫药为主，用于治疗动物体内外寄生虫病的方剂，称为驱虫方。常用驱虫方举例见表3-32。

表3-32　常用驱虫方

方名及来源	组 成	功 效	主 治
万应散——《医学正传》	槟榔、大黄、皂角、苦楝根皮、黑丑、雷丸、沉香、木香	攻积杀虫	蛔虫病，姜片吸虫病，绦虫病等
槟榔散——《全国中兽医经验选编》	槟榔、苦楝皮、枳实、朴硝、鹤虱、大黄、使君子	攻逐杀虫	猪蛔虫病

任务二十　外用药及方剂

凡以外用为主，具有杀虫止痒、消肿止痛、敛疮生肌、去腐排脓、收敛止血等作用的药物，称为外用药。其用于治疗痈疽疮疡，跌打损伤，蛇虫咬伤，皮肤湿疹、疥癣等病症。

外用药多具有毒性，同服时必须严格按制药的方法进行处理及操作，以保证用药安全。本类药多与其他药配伍，较少单独使用。

一、外用药

冰　片

本品为龙脑香科植物龙脑香树脂的加工品；或用龙脑香树干、树枝切碎，经蒸馏冷却所得的结晶；或以松节油、樟脑等为原料经化学方法合成。研粉用。

【性味归经】微寒，辛、苦。入心经、肝经、脾经、肺经。

【功效】宣窍除痰，消肿止痛。

【主治】神昏，惊厥，各种疮疡，咽喉肿痛，口疮目赤，烧烫伤等。

雄　黄

为含砷的结晶矿石硫化砷，研细或水飞用。

【性味归经】温，辛、苦，有毒。入心经、肝经、胃经。

【功效】解毒杀虫，内服燥湿祛痰。

【主治】痈肿疮毒，疥癣，虫蛇咬伤，湿疹等。

硫　黄

为天然硫黄矿的提炼加工品。

【性味归经】温，酸，有毒。入肾经、心包经、大肠经。

【功效】外用解毒，杀虫，止痒；内服补火，助阳，通便。

【主治】皮肤湿烂，疥癣阴疽，命门火衰，肾虚寒喘，宫寒不孕，阳痿，便秘等。

硼　砂

为天然产硼酸盐类矿物硼砂，经加工精制而成的结晶体，生用或火煅用。

【性味归经】凉，辛、甘、咸。入肺经、胃经。

【功效】外用清热解毒，内服清肺化痰。

【主治】目赤翳障，口舌生疮，咽喉肿痛，肺热咳嗽，痰液黏稠，砂淋等。

明　矾

为天然明矾矿石的提炼加工品，内服则生用，外治多煅用。

【性味归经】寒，酸、涩。入肺经、脾经、肝经、大肠经。

【功效】外用解毒，杀虫，止痒；内服化痰，止血，止泻。

其他外用药举例见表3-33。

表3-33　其他外用药

药名	药用部位	性味归经	功效	主治
炉甘石	矿石	温，甘。入胃经	明目去翳，收敛生肌	目赤肿痛，畏光多泪，睛生翳膜，湿疹，疮疡多脓或久不收口
儿茶	加工品	微寒，苦、涩。入心经、肺经	内服清热化痰；外用收湿敛疮，止血	肺热咳嗽，外伤出血，疮疡等

二、外用方

组成以外用药为主，治疗动物外科疾病的方剂，称为外用方。常用外用方举例见表3-34。

表3-34　常用外用方

方名及来源	组成	功效	主治
冰硼散——《外科正宗》	冰片、朱砂、硼砂、玄明粉	清热解毒，消肿止痛，敛疮生肌	咽喉肿痛，口舌生疮
青黛散——《元亨疗马集》	青黛、黄连、黄柏、薄荷、桔梗、儿茶	清热解毒，消肿止痛	咽喉肿痛，口舌生疮
生肌散——《外科正宗》	煅石膏、轻粉、赤石脂、黄丹、龙骨、血竭、乳香、冰片	去腐，敛口，生肌	外科疮疡，用于疮疡破溃后流脓恶臭，久不收口者
桃花散——《医宗金鉴》	陈石灰、大黄（陈石灰用水泼成末，与大黄同炒至石灰呈粉红色为度，去大黄，将石灰研成末，备用）	防腐收敛，止血	创伤出血

任务二十一　饲料添加药及方剂

饲料添加药，又称中药饲料添加剂，是将中药混入饲料或饮水中给药的一类中药方剂。多为群体给药，添加时间长于疾病治疗时间。添加的目的，主要在于补充饲料营养成分的不足，防病保健，提高动物生产性能或改善饲料品质和动物产品品质等。

【组方原则】

应根据添加目的，动物的生理特点，所预防疾病的病因等方面综合考虑，确定组方原则，选择适宜剂型。如促进动物生长，增加产品产量，多采用健脾开胃、补养气血的法则；用于防病治病的添加剂，往往采用调整阴阳，祛邪逐疫的法则。

【使用方法】

多群体给药，一般占日粮的0.5%~2%。在使用中药饲料添加剂的间隔上，开始每天喂1次，以后应逐渐过渡到间隔1~3 d喂1次，既不影响效果，又可降低成本。

一、饲料添加药

饲料添加药有松针（其胡萝卜素含量极丰富，可补充营养，健脾理气，祛风燥湿）、杨树花（可补充营养，健脾养胃，止泻痢）、泡桐叶和泡桐花（促进生长，清热解毒）、艾叶、蚕沙（用以替代部分麦麸喂猪，可祛风除湿）、大蒜（可暖脾胃，杀虫，解毒）等。

二、饲料添加方

中草药饲料添加剂广泛用于畜禽的促进生产和防病治病。常用饲料添加方举例见表3-35。

表3-35　常用饲料添加方

方名及来源	组　成	功　效	应　用
壮膘散——《中兽医方剂学》	牛骨粉、糟糠（醪糟）、麦芽、黄豆	开胃进食，强壮添膘	本方是比较全面的营养补充剂。适用于牛、马体质消瘦，消化力弱
肥猪散——《杨氏家藏方》	绵马贯众、何首乌（制）、麦芽、黄豆	开胃，驱虫，催肥	食少，瘦弱，生长缓慢
八味促卵散——《中国兽药典》	当归、生地、苍术、淫羊藿、阳起石、山楂、板蓝根、鲜马齿苋，加适量白酒、水制成颗粒	助阳，促进产卵	本方有明显促进母鸡性成熟的作用
肥猪菜	白芍、前胡、陈皮、滑石、碳酸氢钠	健脾开胃	消化不良，食欲减退

【职业能力测试】

一、判断题（正确的在括号里画"√"，错误的画"×"）

1. 凡能驱除或杀灭动物体内外寄生虫的药物，叫作驱虫药。（　　）

2. 以外用为主，治疗动物外部疾病的药物，称为外用药。（　　）

3. 用作饲料添加的中药称为饲料添加药。（　　）

4. 外用药多无毒性或无剧毒，一般作内服用。（　　）

5. 中药饲料添加剂既可单味应用，也可以组成复方使用。（　　）

6. 用于防病治病的添加剂，多采用健脾开胃、补养气血的法则。（　　）

二、填空题

1. 常用驱虫药有_____、_____、_____等。

2. 中药饲料添加剂的剂型有_____、_____、_____等。

3. 常用外用药有_____、_____、_____等。

4. 常用饲料添加药有_____、_____、_____等。

5. 肥猪散由_____、_____、_____、黄豆组成。

三、单项选择题

1. 既能杀虫，又有清热解毒、止血作用的药物是（　　）。

A. 南瓜子　　　　　B. 贯众　　　　　C. 使君子　　　　　D. 川楝子

2. 松针中什么成分含量极为丰富？（　　）

A. 大蒜素　　　　　B. 维生素A　　　　C. 粗纤维　　　　　D. 胡萝卜素

3. 下列药物中没有驱虫作用的药物是（　　）。

A. 蛇床子　　　　　B. 贯众　　　　　C. 硼砂　　　　　　D. 使君子

4. 既能开窍醒神，又为眼科、喉科及各种疮疡的常用药物是（　　）。

A. 半夏　　　　　　B. 麦芽　　　　　C. 冰片　　　　　　D. 苦参

5. 驱虫药服药的时间宜在（　　）。

A. 饲后服　　　　　B. 饲前服　　　　C. 空腹时服　　　　D. 随时服用

6. 为增强驱虫药的治疗效果，应当配合服用的药物是（　　）。

A. 清热解毒药　　　B. 泻下药　　　　C. 固涩药　　　　　D. 清热泻火药

7. 明矾的功效不包括（　　）。

A. 杀虫、止痒　　　B. 消食健胃　　　C. 止血、止泻　　　D. 化痰

8. 在猪的饲养中可用干蚕沙来代替部分（　　）。

A. 玉米　　　　　　B. 黄豆　　　　　C. 鱼粉　　　　　　D. 麦麸

9.（　　）主治创伤出血。

A. 八味促卵散　　　B. 桃花散　　　　C. 槟榔散　　　　　D. 冰硼散

10.（　　）功效为杀虫解毒，燥湿祛痰。

A. 雄黄　　　　　　B. 硫黄　　　　　C. 雷丸　　　　　　D. 炉甘石

四、简答题

1. 简述松叶、艾叶、大蒜的功效。

2. 试述使用中草药添加剂的目的。

技能训练

实训一　药用植物形态识别

【技能目标】

通过实训，使学生了解植物药物的生长特点、基本形态特征，为学习中药知识建立感性认识。

【材料用具】

小锄头8把，柴刀（或镰刀）8把，枝剪8把，钢卷尺8把，笔记本人手1本，技能单、资料单人手1份，标本夹（或书夹）每组1副。

【方法步骤】

本次实训安排在学习方药知识的前期，以班为单位组织，分成8个小组，由2位教师和实验员带领，到中草药标本园或学校附近的野外进行。实地观察当地的药用植物，数量不少于30种，对药用植物的生长特性、形态有一个初步认识。选择根、茎、叶、花、皮、果、种子等代表药物边看边讲解。要求学生观察药物各部位的形状、外皮颜色、断面颜色、质地、长度、大小、粗细、气味等，详细识别并做好记录。

【注意】

实训前教师应先作一次考察备课，根据教学目标和当地药物资源情况，编印实训技能单、资料单；选择最佳时机进行；讲清要求及注意事项；组织学生分组讨论，教师进行总结。

【实训报告】

每个学生写出实训报告，选择代表性药物，描述其植物形态。

实训二　中药材识别

【技能目标】

通过实训，使学生对常用中药材或饮片有一个大致的了解，并初步掌握识别中药材的最基本的方法。

【材料用具】

中药材标本200种左右（参考教学大纲与教材配备），可根据当地情况配备草药标本，技能单、资料单（实训前教师编印）人手1份。

【方法步骤】

本次实训安排在学习常用中草药知识的中期或后期，在中药标本室进行。实训前教师向学生讲清目的要求、实训规则、实训方法，然后由学生按照教师编印的资料单上有关内容自行观察。观察识别中药材最基本的方法，一般有眼观、手摸、鼻闻、口尝四种。眼观在必要时可借助放大镜，观其折断面；手摸以区分其质地的轻重软硬；鼻闻以区别其气味的辛香腥臭；口尝以鉴别其味道的酸、苦、甘、辛、咸。口尝时应折断或揉碎后，用舌尖舔尝，切忌不顾有毒或无毒，随意放入口中咀嚼或吞咽。

【实训报告】

写出实训报告，描述5种药材的形态、质地与色泽。

【注意】

识别药物的形态、特征，不可能通过1~2次实训就能掌握。先使学生学会观察的基本方法、要领，利用自习时间，组织学生反复观察识别，使其掌握应知应会的部分。

实训三　方剂验证

【技能目标】

通过实训，使学生学会常用方剂的加减运用方法，结合临诊不同的病症，加减化裁出最适宜的方剂，为合理运用方剂进行实地训练。

【材料用具】

技能单、资料单人手1份，笔记本人手1本，兽医院就诊病畜2~3头。

【方法步骤】

本次实训安排在学习常用方剂知识的后期，以班为单位组织，由1~2位教师带领，到学校兽医院进行。学生分2~3组轮流对病畜进行诊断，确定病证及治则，然后由学生独立写出治疗的方剂，交教师评判。

【注意】

实训前教师应到兽医院选定典型病例，以便于学生诊断；实训结束前留20 min时间组织学生讨论，教师进行总结。

【实训报告】

每人写出实训报告，说明对所开方剂进行加减化裁的理由。

技能考核

【考核方法】

（1）在实验室或中药标本园进行。

（2）以抽签的方式任意抽取10种药物，学生单独识别辨认。

（3）能根据具体病症恰当选方用药。

【考核内容】

（1）中药形态识别。

（2）中药药材识别。

（3）方剂验证。

【评分标准】

正确完成90%以上考核内容者评为优秀，正确完成80%以上考核内容者评为良好，正确完成60%考核内容者评为合格，正确完成考核内容不足60%者评为不合格。

项目四　针灸

【学习目标】

（1）初步掌握针灸术的基本知识。

（2）能正确使用针具、灸具，会取穴。

（3）掌握常用穴位的针法及适应证，学会常见病、多发病的针灸治疗方法。

任务一　针灸基本操作

针灸包括针术和灸术两种治疗技术。兽医针灸疗法就是在中兽医学理论指导下，使用不同类型的针灸用具对动物体某些特定部位施以一定的刺激，以疏通经络，宣导气血，达到扶正祛邪、防治病症的目的。针灸属于外治法。

一、针灸工具

1. 白针用具

（1）毫针（见图4-1）。用不锈钢或合金制成。针尖圆锐，针体细长。针体直径0.64~1.25 mm，长度为9~30 cm等多种。多用于白针穴位或深刺、透刺和针刺麻醉。

（2）圆利针（见图4-2）。用不锈钢制成。针尖呈三棱状，较锋利，针体较粗。针体直径1.5~2 mm，长度有2~10 cm数种。短针多用于针刺马、牛的眼部周围穴位及仔猪、禽的白针穴位；长针多用于针刺大型家畜的躯干和四肢上部的白针穴位。

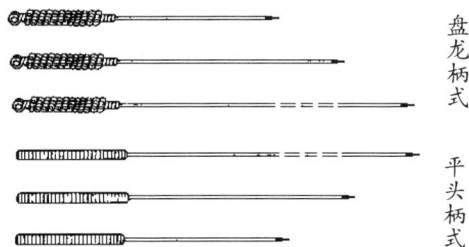

图4-1　毫针

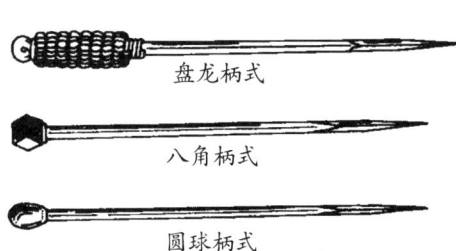

图4-2　圆利针

2. 血针用具

（1）宽针（见图4-3）。用优质钢制成。针头部如矛状，针刃锋利；针体部呈圆柱状。分大、中、小三种。大宽针长约12 cm，针头部宽8 mm，用于放大动物的颈脉、肾堂、蹄头血；中宽针长约11 cm，针头部宽6 mm，用于放大型动物的胸膛、带脉、尾本穴血；小宽针长约10 cm，针头部宽4 mm，用于放马、牛的太阳、缠腕穴血。中宽针、小宽针有时也用于牛、猪的白针穴位。

（2）三棱针（见图4-4）。用优质钢或合金制成。针头部呈三棱锥状，针体部为圆柱状。有大小两种，大三棱针用于针刺三江、通关、玉堂等位于较细静脉或静脉丛上的穴位或点刺分水穴，小三棱针用于针刺猪的白针穴位；针尾部有孔者，也可做缝合针使用。

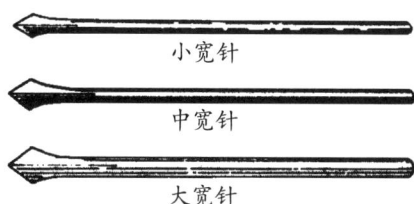

图4-3　宽针

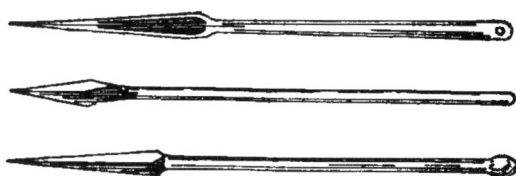

图4-4　三棱针

（3）眉刀针和痧刀针（见图4-5）。眉刀针形似眉毛，长10~12 cm。痧刀针形似小眉刀，长4.5~5.5 cm。两针的最宽部约0.6 cm，刀刃薄而锋利，主要用于猪的血针放血，也可代替小宽针使用。

3. 火针用具

火针（见图4-6）用不锈钢制成。针柄绝缘，针尖圆锐，针体光滑，比圆利针粗。针体长度有2~10 cm 等多种。针柄多为夹垫石棉类隔热物质。用于动物的火针穴位。

4. 巧治针具

（1）穿黄针。与大宽针相似，但针尾部有一小孔，可以穿马尾或棕绳，主要用于穿黄穴，也可作大宽针使用，或用于穿牛鼻环。

（2）夹气针。竹制或合金制。扁平长针，长29~36 cm，宽4~6 mm，厚3 mm，针头钝圆，专用于针刺大型动物的夹气穴。

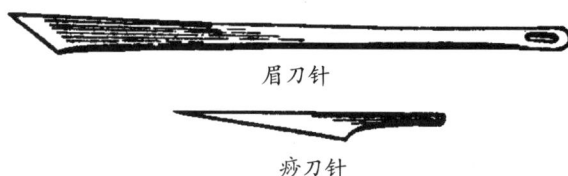

图4-5　眉刀针和痧刀针

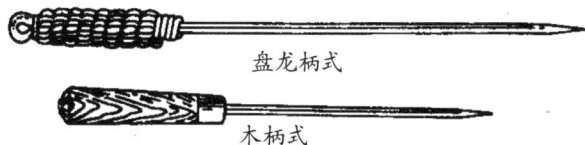

图4-6　火针

5. 持针器

（1）针锤。用硬质木料车制而成，用于安装宽针，放颈脉、胸膛、带脉和蹄头穴血。

（2）针杖。用硬质木料车制而成，常用于持宽针或圆利针快速针刺。

6. 针灸仪器

（1）电针机。有直流电源和交直流电源两种规格，可用于电针麻醉和针刺麻醉。

（2）激光针灸仪。主要有氦氖激光器和二氧化碳激光器。前者常用于穴位照射，称为激光针疗法；后者用于穴位灸灼、患部照射或烧烙，因而又称激光灸疗法。

（3）磁疗机。有特定电磁波谱治疗机（TDP）、旋磁疗机、电动磁按摩器、磁电复合式机等多种。

7. 艾灸用具

主要有艾炷（呈圆锥形）和艾卷，都用艾绒制成。艾绒是中药艾叶经晾晒加工捣碎，去掉杂质粗梗而制成的一种灸料。艾叶性辛温，气味芳香，易于燃烧，燃烧时热力均匀温和，能窜透肌肤，直达深部，有通经活络，祛除阴寒，回阳救逆的功效。

8. 其他用具

（1）温熨用具。有软烧棒、毛刷等。

（2）烧烙用具。烙铁。

（3）拔火罐用具。火罐。用竹、陶瓷、玻璃等制成，呈圆筒形或半球形等。

（4）刮痧用具。刮痧器。用铁板制成。

二、针灸取穴方法

穴位是针灸治疗动物疾病的刺激点。中兽医认为穴位是脏腑经络气血灌注于体表的特定部位，有其特定的解剖位置。穴位可以反映脏腑经络的生理功能和病理变化，并可接受外界的各种刺激并将其传至体内，以调整内部功能，达到防治疾病的目的。针灸选穴定位是否正确，直接影响到治疗效果。临诊常用的定位方法有以下几种。

1. 解剖标志定位法

穴位多在骨骼、关节、肌腱、韧带之间或体表静脉上，可用穴位局部解剖形态作定位标志。例如，口角后方取锁口穴，股二头肌沟取邪气穴等穴。

2. 体躯连线比例定位法

在某些解剖标志之间画线，以一线的比例分点或两线的交叉点为定穴依据。例如，在胸骨后缘与肚脐连线中点取中脘穴等。

3. 指量定位法

以术者手指第二节关节处的横宽作为度量单位来量取定位。如在邪气穴下四指取汗沟穴等。

4. 同身寸定位法

以动物某一部位（多用骨骼）的长度作为1寸（同身寸）来量取穴位。

5. 骨度分寸定位法

常用于小动物四肢穴位的定位，将身体不同部位的长度和宽度分别规定为一定的等份（每一等份为一寸），作为量取穴位的标准。如小腿规定为16寸，在上3寸处腓沟中取后三里穴。

三、施针操作

（一）施针前的准备

1.用具准备

根据治疗方案，准备适当的针灸工具、材料、保定器材等。

2.动物保定

在施行针灸术时，对动物必须进行保定，并保持适当的体位以方便施术。

3.消毒准备

针具消毒一般用酒精棉球擦拭，必要时用高压蒸汽灭菌。术者手指亦要用酒精棉球消毒。先用碘酊消毒术部，再用75%的酒精脱碘，待干后即可施针。

（二）施针的基本技术

1.持针法

针刺时多以右手持针施术，要求持针确实，针刺准确。

（1）毫针的持针法。常用右手拇指对食指和中指夹持针柄，无名指抵住针身以辅助进针并掌握进针的深度（见图4-7）。如用长毫针，则可捏住针尖部，先将针尖刺入穴位皮下，再用上述方法捻转进针。

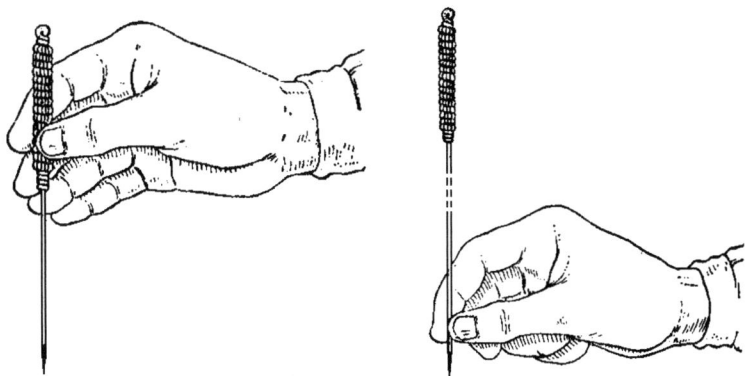

图4-7　毫针的持针法

（2）圆利针的持针法。与地面水平进针时，采用全握式持针法，即以拇指、食指、中指捏住针体，针柄抵在掌心（见图4-8）。与地面垂直进针时，以拇指、食指夹持针

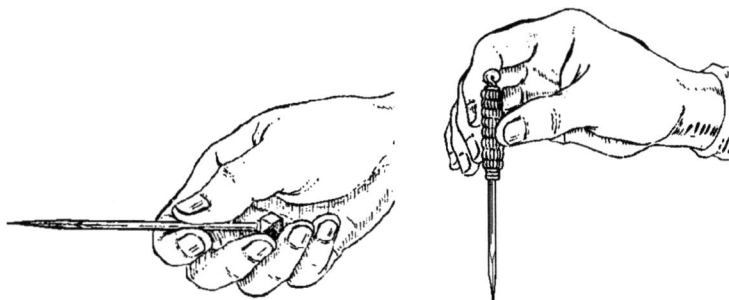

图4-8　圆利针持针法

柄，以中指、无名指抵住针身。进针时，根据所需的进针方向先将针尖刺至皮下，调好针刺角度，用拇指、食指、中指持针柄捻转进针达到所需深度。

（3）宽针的持针法。

全握式持针法：以右手拇指、食指、中指持针体，根据所需的进针深度，针尖露出一定长度，针柄端抵于掌心内（见图4-9左）。进针时使针刃一次性穿破皮肤及血管，针退出后，血即流出。常用于针刺缠腕、曲池、尾本等穴位。

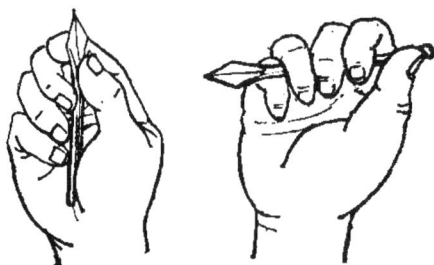

手代针锤持针法：以持针手的食指、中指和无名指握紧针体，用小指的中节，放在针尖的内侧，抵紧针尖部，拇指抵压在针的上端，使针尖露出所需刺入的长度（见图4-9右）。针刺时，挥

图4-9　宽针持针法

动手臂，使针尖顺血管刺入，随即出血。此法与针锤持针法相同，但比用针锤更为方便准确。

针锤持针法：先将针具夹在锤头针缝内，针尖露出适当的长度，推上锤箍，固定针体。术者手持锤柄，挥动针锤使针刃顺血管刺入，随即出血。常用于针刺颈脉、胸膛、肾堂、蹄头等穴以及黄肿处散刺。

（4）三棱针的持针法。

执笔式持针法：以拇指、食指、中指三指持针身，中指尖抵于针尖部以控制进针的深度，无名指抵按在穴旁以助准确进针（见图4-10左）。常用于针刺通关、玉堂等穴。

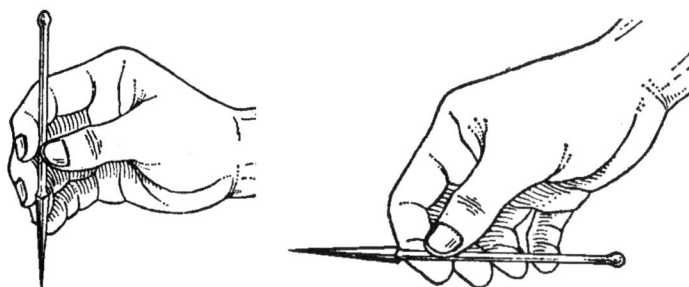

图4-10　三棱针持针法

弹琴式持针法：以拇指、食指夹持针尖部，针尖留出适当的长度，其余三指抵住针身（见图4-10右）。常用于平刺三江、大脉等穴。

（5）火针的持针法。

烧针时，必须持平针体。若针尖向下，则火焰烧手；针尖朝上，则热油流在手上。与地面垂直进针时，似执笔式，以拇指、食指、中指三指捏住针柄，针尖向下；与地面水平进针时，似全握式，以拇指、食指、中指三指捏住针柄，针尖向前。

2.按穴（押手）法

针刺时多以左手按穴，称为押手。其作用是固定穴位，辅助进针，使针体准确地刺入穴位，还可减轻针刺的疼痛。常用押手法，有下列四种。

（1）指切押手法。以左手拇指指甲切压穴位及近旁皮肤，右手持针使针尖靠近押手拇指边缘，刺入穴位内。适用于短针的进针。

（2）骈指押手法。用左手拇指、食指夹捏棉球，裹住针尖部，右手持针柄，当左手夹针下压时，右手顺势将针尖刺入。适用于长针的进针。

（3）舒张押手法。用左手拇指、食指贴近穴位将皮肤向两侧撑开，使穴位皮肤紧张，以利进针。适用于位于皮肤松弛部位或不易固定的穴位。

（4）提捏押手法。用左手拇指和食指将穴位皮肤捏起来，右手持针，使针体从侧面刺入穴位。适用于头部或皮肤薄、穴位浅等部位的穴位，如锁口穴、开关穴。

3. 进针法

（1）缓刺法。又称捻转进针法，毫针、圆利针多用此法。操作时，一般是一手切穴，一手持针，先将针尖刺入穴位皮下，然后缓慢捻转进针。如用细长的毫针可采用骈指押手法辅助进针。

（2）速刺进针法。多用于宽针、火针、圆利针、三棱针的进针。用宽针时，使针尖露出适当的长度，对准穴位，以轻巧敏捷的手法，迅速刺至所需深度。

4. 针刺角度和深度

（1）针刺角度。针刺角度是指针体与穴位局部皮肤平面所构成的夹角，它是由针刺方向决定的，常见的有三种（见图4-11）。

①直刺。针体与穴位皮肤呈垂直或接近垂直的角度刺入。常用于肌肉丰满处的穴位，如百会等穴。

②斜刺。针体与穴位皮肤约呈45°角刺入，适用于骨骼边缘和不宜于深刺的穴位。

③平刺。针体与穴位皮肤约呈15°角刺入，多用于肌肉浅薄处的穴位或两个以上穴位的透刺。

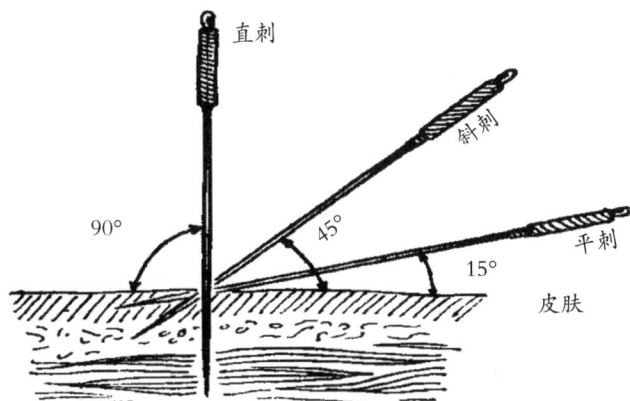

图4-11　针刺角度

（2）针刺深度。针刺时进针深度必须适当，不同的穴位对针刺深度有不同的要求，一般以穴位规定的深度作标准。

5. 行针与得气

（1）得气。针刺后，针刺部位产生了经气的感应，称为"得气"，也称"针感"。

97

得气以后，动物会出现提肢、拱腰、摆尾、局部肌肉收缩或跳动，术者则手下亦有沉紧的感觉。

（2）行针手法。包括提插、捻转两种基本手法和搓、弹、摇、刮等四种辅助手法。

①提插。纵向的行针手法。将针从深层提到浅层，再由浅层插入深层，如此反复地上提下插（见图4-12）。

②捻转。将针左右、来回反复地旋转捻动（见图4-13）。

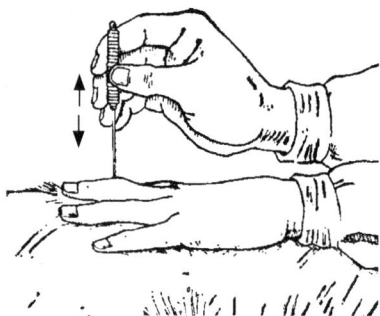
图4-12　提插行针法

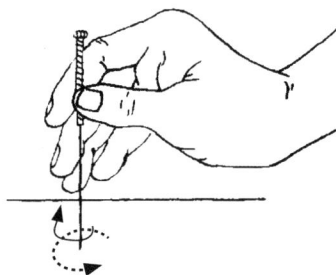
图4-13　捻转行针法

③搓。单向地捻动针身（见图4-14）。

④弹。用手指弹击针柄，使针体微微颤动，以增强针感（见图4-15）。

⑤刮。以拇指抵住针尾、食指或中指指甲轻刮针柄，以加强针感（见图4-16）。

⑥摇。用手捏住针柄轻轻摇动针体（见图4-17）。

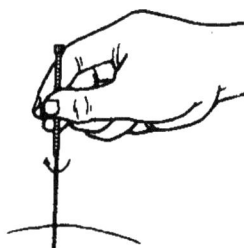
图4-14　搓法

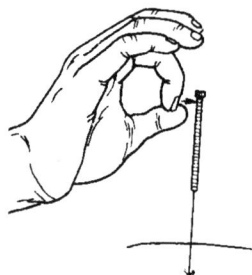
图4-15　弹法

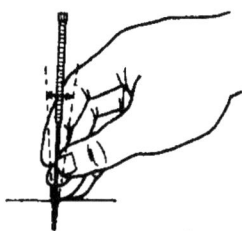
图4-16　刮法

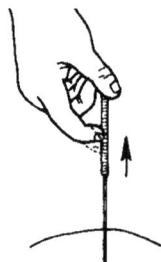
图4-17　摇法

临诊上大多采用复式行针法，尤以提插、捻转最为常用。

（3）行针间隔。也分为三种。

①直接行针。当进针出现了针感后，将针体均匀地提插捻转数次即出针，不留针。

②间歇行针。针刺得气后，不立即出针，把针留在穴位内，在留针期间反复多次行针。如留针30 min，可每隔10 min行针1次，每次行针不少于1 min。

③持续行针。针刺得气后，仍持续不断地行针，直至症状缓解或痊愈为止。

6. 留针与起针

（1）留针法。针刺得气后根据病情需要把针留置在穴位内一定时间，称为留针。留针时间一般为10～30 min，火针留针5～10 min，而针刺麻醉要留针到手术结束。

（2）起针法。以左手拇指、食指夹住针体，同时按压穴位，右手持针柄捻转抽出。

7. 施针意外情况的处理

（1）弯针。术者待动物安静后，再轻轻捻转针钵，顺针弯曲的方向缓慢拔出。

（2）折针。若折针断端尚露出皮肤外面，用左手迅速紧压断针周围皮肤肌肉，右手持镊子或钳子夹住折断的针身用力拔出；若折针断在肌肉层内，则行外科手术切开取出。

（3）滞针。停止运针，待动物安静后，使紧张的肌肉缓解，再捻转针体将针拔出。

（4）血针出血不止。应采取压迫、钳夹或结扎止血。局部瘀血肿胀时，可用温敷法或涂以活血散瘀药促其消散。

（5）局部感染。轻者局部涂擦碘酒，重者根据不同情况进行动物全身和局部处理。

【职业能力测试】

一、判断题（正确的在括号里画"√"，错误的画"×"）

1. 针灸术包括针术和灸术两种治疗技术。（　　　）

2. 针灸具有治病范围广，操作方便，疗效迅速，便于推广等优点。（　　　）

3. 穴位是针灸治疗动物疾病的刺激点。（　　　）

4. 白针用具有三棱针、宽针。（　　　）

5. 灸术常用艾叶燃烧、温熨用具、烧烙用具等。（　　　）

6. 施行针灸术时，要保定好动物，针具不用消毒。（　　　）

7. 不同的穴位对针刺深度有不同的要求。（　　　）

8. 行针手法只有提插、捻转两种。（　　　）

9. 施针出现弯针时，应逆弯针方向将针取出。（　　　）

10. 解剖标志定位法适用于在骨骼、关节、肌腱、韧带之间或体表静脉上的穴位。（　　　）

二、单项选择题

1. 针刺马、牛、猪的躯干和四肢上部的白针穴位用（　　　）。

A. 圆利针　　　　　B. 宽针　　　　　C. 三棱针　　　　　D. 针锤

2. 给动物扎针，术者用力部位是（　　　）。

A. 手指　　　　　B. 手腕　　　　　C. 手掌　　　　　D. 前臂

三、填空题

1. 针灸是在＿＿＿＿＿理论指导下，根据＿＿＿＿＿＿、＿＿＿＿＿＿等原则来防治病证。

2.施针前主要做_____的准备，_____及_____准备。

3.进针方法通常有_____和_____两种。

4.进针角度有_____、_____、_____。

5.血针针具有_____、_____、_____等。

6.按穴的方法有_____、_____、_____和_____四种。

四、简答题

1.针灸的目的有哪些？

2.何为得气？给动物行针时，动物得气有何表现？

任务二　常用针灸穴位及针治

一、牛的针灸穴位及针治

（一）头部穴位

牛头部穴位及针治如表4-1所示。

表4-1　牛头部穴位及针治

穴位	位　置	针灸方法	主　治
山根	主穴在鼻唇镜上缘正中有毛与无毛交界处，两副穴在两鼻孔背角处，共三穴	小宽针向后下方斜刺入1 cm，出血	中暑，感冒，腹痛，癫痫
鼻中	两鼻孔下缘连线中点，一穴	小宽针或三棱针直刺1 cm，出血	慢草，热证，唇肿，衄血，黄疸
顺气	口内硬腭前端，齿板后切齿乳头上的两个鼻腭管开口处，左右侧各一穴	将去皮、节的鲜细柳、榆树条的端部削成钝圆形，徐徐插入20~30 cm，剪去外露部分，留置2~3 h或不取出	肚胀，感冒，睛生翳膜
通关	舌体腹侧面，舌系带两旁的血管上，左右侧各一穴	将舌拉出，向上翻转，小宽针或三棱针刺入1 cm，出血	慢草，木舌，中暑，春秋季开针洗口有防病作用
承浆	下唇下缘正中、有毛与无毛交界处，一穴	中宽针、小宽针向后下方刺入1 cm，出血	下颌肿痛，五脏积热，慢草
锁口	口角后上方约3 cm凹陷处，左右侧各一穴	小宽针或火针向后上方平刺3 cm，毫针刺入4~6 cm，或透刺开关穴	牙关紧闭，歪嘴风
开关	口角向后的延长线与咬肌前缘相交处，左右侧各一穴	中宽针、圆利针或火针向后上方刺入2~3 cm，毫针刺入4~6 cm，或向前下方透刺锁口穴	破伤风，歪嘴风，腮黄

续表

穴位	位　置	针灸方法	主　治
鼻俞	鼻孔上方4.5 cm处（鼻颌切迹内），左右侧各一穴	三棱针或小宽针直刺入1.5 cm，或透刺到对侧，出血	肺热，感冒，中暑，鼻肿
三江	内眼角下方约4.5 cm处的血管分叉处，左右侧各一穴	低拴牛头，使血管怒张，用三棱针或小宽针顺血管刺入1 cm，出血	痧痛，肚胀，肝热传眼
睛明	下眼眶上缘，两眼角内、中1/3交界处，左右眼各一穴	上推眼球，毫针沿眼球与泪骨之间向内下方刺入3 cm，或三棱针在下眼睑黏膜上散刺，出血	肝热传眼，睛生翳膜
睛俞	上眼眶下缘正中的凹陷中，左右眼各一穴	下压眼球，毫针沿眶上突下缘向内上方刺入2~3 cm，或三棱针在上眼睑黏膜上散刺，出血	肝经风热，肝热传眼，眩晕
太阳	外眼角后方约3 cm处的颞窝中，左右侧各一穴	毫针直刺入3~6 cm；或小宽针刺入1~2 cm，出血；或施水针	中暑，感冒，癫痫，肝热传眼，睛生翳膜
耳尖	耳背侧距尖端3 cm的血管上，左右耳各三穴	捏紧耳根，使血管怒张，中宽针或大三棱针迅速刺血管，出血	中暑，感冒，中毒，腹痛，热性病
耳根	耳根后方，耳根与寰椎翼前缘之间的凹陷中，左右侧各一穴	中宽针或火针向内下方刺入1~1.5 cm，圆利针或毫针刺入3~6 cm	感冒，过劳，腹痛，风湿
天门	两耳根连线正中点后方，枕寰关节背侧的凹陷中，一穴	火针、小宽针或圆利针向后下方斜刺入3 cm，毫针刺入3~6 cm，或火烙	感冒，脑黄，癫痫，眩晕，破伤风

（二）躯干部穴位

牛躯干部穴位及针治如表4-2所示。

表4-2　牛躯干部穴位及针治

穴位	位　置	针灸方法	主　治
喉门	下颌骨后喉头下，左右侧各一穴	中宽针、圆利针或火针向后下方刺入3 cm，毫针刺入4.5 cm	喉肿，喉痛，喉麻痹
颈脉	颈静脉沟上、中1/3交界处的血管上，左右侧各一穴	高拴牛头，徒手按压或扣颈绳，大宽针刺入1 cm，出血	中暑，中毒，脑黄，肺风毛躁
鬐甲	第三、第四胸椎棘突间的凹陷中，一穴	小宽针或火针向前下方刺入1.5~2.5 cm，毫针刺入4~5 cm	前肢风湿，肺热咳嗽，脱膊，肩肿
关元俞	最后肋骨与第一腰椎横突顶端之间的髂肋肌沟中，左右侧各一穴	小宽针、圆利针或火针向内下方刺入3 cm，毫针刺入4.5 cm；亦可向脊椎方向刺入6~9 cm	慢草，便结，肚胀，积食，泄泻

101

续表

穴位	位　置	针灸方法	主　治
六脉	倒数第一、第二、第三肋间，髂骨翼上角水平线上的髂肋肌沟中，左右侧各三穴	小宽针、圆利针或火针向内下方刺入3 cm，毫针刺入6 cm	便秘，肚胀，积食，泄泻，慢草
脾俞	倒数第三肋间，髂骨翼上角水平线上的髂肋肌沟中，左右侧各一穴	小宽针、圆利针或火针向内下方刺入3 cm，毫针刺入6 cm	同六脉穴
食胀	左侧倒数第二肋间与髋结节下角水平线相交处，一穴	小宽针、圆利针或毫针向内下方刺入9 cm，达瘤胃背囊内	宿草不转，肚胀，消化不良
肺俞	倒数第六肋间，肩关节于髋关节连线的交点处	小宽针、圆利针或火针向内下方刺入3 cm，毫针刺入6 cm	肺热咳喘，感冒，宿草不转
百会	腰荐十字部，即最后腰椎与第一荐椎棘突间的凹陷中，一穴	小宽针、圆利针或火针直刺入3~4.5 cm，毫针刺入6~9 cm	腰胯风湿、闪伤，二便不利，后躯瘫痪
肾俞	百会穴旁开6 cm处，左右侧各一穴	小宽针、圆利针或火针直刺入3 cm，毫针直刺4.5 cm	腰胯风湿，腰背闪伤
雁翅	髋结节最高点前缘到背中线所作垂线的中间向外1/3交界处，左右侧各一穴	圆利针或火针直刺入3~5 cm，毫针刺入8~15 cm	腰胯风湿，不孕症
气门	髂骨翼后方，荐椎两侧约9 cm的凹陷中，左右侧各一穴	圆利针或火针直刺入3 cm，毫针刺入6 cm	后肢风湿，不孕症
肷俞	左侧肷窝部，即肋骨后、腰椎下与髂骨翼前形成的三角区内	套管针或大号采血针向内下方刺入6~9 cm，徐徐放出气体	急性瘤胃臌气
穿黄	胸前正中线旁开1.5 cm处，一穴	拉起皮肤，用带马尾的穿黄针左右对穿皮肤，马尾留置穴内、两端拴上适当重物，引流黄水	胸黄
胸膛	胸骨两旁，胸外侧沟下部的血管上，左右侧各一穴	用中宽针沿血管急刺入1 cm，出血	心肺积热，中暑，胸膊痛，失膊
带脉	肘后10 cm的血管上，左右侧各一穴	中宽针顺血管刺入1 cm，出血	肠黄，腹痛，中暑，感冒
滴明	脐前约15 cm，腹中线旁开约12 cm处的血管上，左右侧各一穴	中宽针顺血管刺入2 cm，出血	奶黄，尿闭
云门	脐旁开3 cm，左右侧各一穴	治肚底黄，用大宽针在肿胀处散刺；治腹水，先用大宽针破皮，再插入宿水管	肚底黄，腹水
阳明	乳头基部外侧，每个乳头一穴	小宽针向内上方刺入1~2 cm，或用激光照射	奶黄，尿闭

续表

穴位	位　　置	针灸方法	主　治
肛脱	肛门两侧旁开2 cm，左右侧各一穴	毫针向前下方刺入3~5 cm，或电针、水针	直肠脱
后海	肛门上、尾根下的凹陷中，一穴	小宽针、圆利针或火针沿脊椎方向刺入3~4.5 cm，毫针刺入6~10 cm	久痢泄泻，胃肠热结，脱肛，不孕症
尾根	荐椎与尾椎棘突间的凹陷中，即上下摇动尾巴，在动与不动交界处，一穴	小宽针、圆利针或火针直刺入1~2 cm，毫针刺入3 cm	便秘，热泻，脱肛，热性病
尾本	尾腹面正中，距尾基部6 cm处的血管上，一穴	中宽针直刺入1 cm，出血	腰风湿，尾神经麻痹，便秘
尾尖	尾末端，一穴	中宽针直刺入1 cm或将尾尖十字劈开，出血	中暑，中毒，感冒，过劳，热性病

（三）前肢部穴位

牛前肢部穴位及针治如表4-3所示。

表4-3　牛前肢部穴位及针治

穴位	位　　置	针灸方法	主　治
膊尖	肩胛骨前角与肩胛软骨结合处，左右侧各一穴	小宽针、圆利针或火针沿肩胛骨内侧向后下方斜刺入3~6 cm，毫针刺入9 cm	失膊，前肢风湿
膊栏	肩胛骨后角与肩胛软骨结合处，左右侧各一穴	小宽针、圆利针或火针沿肩胛骨内侧向前下方斜刺入3 cm，毫针斜刺入6~9 cm	失膊，前肢风湿
肩井	肩关节前上缘，臂骨大结节外上缘的凹陷中，左右肢各一穴	小宽针、圆利针或火针向内下方斜刺入3~4.5 cm，毫针斜刺入6~9 cm	失膊，前肢风湿，肩胛上神经麻痹
抢风	肩关节后下方，三角肌后缘与臂三头肌长头、外头形成的凹陷中，左右肢各一穴	小宽针、圆利针或火针直刺入3~4.5 cm，毫针直刺入6 cm	失膊，前肢风湿，肿痛，神经麻痹
肘俞	臂骨外上髁与肘突之间的凹陷中，左右肢各一穴	小宽针、圆利针或火针向内下方斜刺入3 cm，毫针刺入4.5 cm	肘部肿胀，前肢风湿、闪伤、麻痹
夹气	前肢与躯干相接处的腋窝正中，左右侧各一穴	大宽针向上刺破皮肤，然后以涂油的夹气针向同侧抢风穴方向刺入10~15 cm	肩胛痛，内夹气
膝眼	腕关节背外侧下缘的陷沟中，左右肢各一穴	中小宽针向后上方刺入1 cm，放出黄水	腕部肿痛，膝黄

续表

穴位	位 置	针灸方法	主 治
膝脉	掌骨内侧,副腕骨下方6 cm处的血管上,左右肢各一穴	中小宽针沿血管刺入1 cm,出血	腕关节肿痛,攒筋肿痛
前缠腕	前肢球节上方两侧,掌内外侧沟末端内的指内外侧静脉上,每肢各一穴	中小宽针沿血管刺入1.5 cm,出血	蹄黄,球节肿痛,扭伤
涌泉	前蹄叉前缘正中稍上方的凹陷中,每肢一穴	中小宽针沿血管刺入1~1.5 cm,出血	蹄肿,扭伤,中暑,感冒
前蹄头	第三、第四指的蹄匣上缘正中,有毛与无毛交界处,每蹄内外侧各一穴	中宽针直刺入1 cm,出血	蹄黄,扭伤,便结,腹痛,感冒

（四）后肢部穴位

牛后肢部穴位及针治如表4-4所示。

表4-4　牛后肢部穴位及针治

穴位	位 置	针灸方法	主 治
居髎	髋结节后下方臀肌下缘凹陷中,左右侧各一穴	圆利针或火针直刺入3~4.5 cm,毫针直刺入6 cm	腰胯风湿,后肢麻木,不孕症
大转	髋关节前缘,股骨大转子前下方约6 cm处的凹陷中,左右侧各一穴	小宽针、圆利针或火针直刺入3~4.5 cm,毫针直刺入6 cm	后肢风湿、麻木,腰胯闪伤
小胯	髋关节下缘,股骨大转子正下方约6 cm处的凹陷中,左右侧各一穴	小宽针、圆利针或火针直刺入3~4.5 cm,毫针直刺入6 cm	后肢风湿、麻木,腰胯闪伤
邪气	股骨大转子和坐骨结节连线与股二头肌沟相交处,左右侧各一穴	小宽针、圆利针或火针直刺入3~4.5 cm,毫针直刺入6 cm	后肢风湿、闪伤、麻痹,胯部肿痛
仰瓦	邪气穴下12 cm处的同一肌沟中,左右侧各一穴	小宽针、圆利针或火针直刺入3~4.5 cm,毫针直刺入6 cm	后肢风湿、闪伤、麻痹,胯部肿痛
肾堂	股内侧,大腿褶下方约9 cm的血管上,左右肢各一穴	吊起对侧后肢,以中宽针顺血管刺入1 cm,出血	外肾黄,五攒痛,后肢风湿
掠草	膝关节前外侧的凹陷中,左右肢各一穴	圆利针或火针向后上方斜刺入3~4.5 cm	掠草痛,后肢风湿
曲池	跗关节背侧稍偏外,中横韧带下方,趾长伸肌外侧的血管上,左右肢各一穴	中宽针直刺入1 cm,出血	跗骨肿痛,后肢风湿

续表

穴位	位 置	针灸方法	主 治
后缠腕	后肢球节上方两侧，跖内、外侧沟末端内的血管上，每肢内外侧各一穴	中小宽针沿血管刺入1.5 cm，出血	蹄黄，球节肿痛，扭伤
滴水	后蹄叉前缘正中稍上方的凹陷中，每肢各一穴	中小宽针沿血管刺入1~1.5 cm，出血	蹄肿，扭伤，中暑，感冒
后蹄头	第三、第四趾的蹄匣上缘正中，有毛与无毛交界处，每蹄内外侧各一穴	中宽针直刺入1 cm，出血	蹄黄，扭伤，便结，腹痛，中暑，感冒

（五）牛常见病针灸处方

牛常见病针灸处方如表4-5所示。

表4-5　牛常见病针灸处方

病名	穴 位 及 针 法
肺热咳喘	血针：鼻俞为主穴，胸膛、颈脉、耳尖、通关为配穴； 水针：丹田为主穴，苏气、肺俞为配穴，注射有效抗生素或中药注射液； 白针：肺俞为主穴，百会、苏气为配穴； 拔火罐：肺俞为主穴，白针后施术。 配合中药清肺止咳
脾虚慢草（消化不良）	白针：脾俞为主穴，六脉、关元俞、食胀、后三里为配穴； 水针：健胃为主穴，脾俞、后三里为配穴； 电针：百会为主穴，关元俞、脾俞为配穴； 血针：通关、玉堂为主穴，山根、蹄头为配穴； 巧治：顺气穴插枝。 配合中药补气健脾
肚胀（瘤胃臌气）	白针：脾俞、关元俞为主穴，百会、后海、苏气为配穴； 血针：滴明、通关为主穴，山根、蹄头、尾尖、耳尖为配穴； 电针：关元俞为主穴，食胀、后海为配穴。 配合中药行气消胀
宿草不转（瘤胃积食）	电针：关元俞为主穴，食胀为配穴； 白针：脾俞为主穴，百会、后海、关元俞为配穴； 水针：健胃为主穴，关元俞为配穴； 火针：脾俞为主穴，百会、后海、食胀为配穴； 血针：通关为主穴，蹄头、滴明、耳尖、尾尖、山根为配穴； 巧治：肷俞穴，瘤胃臌气时，用套管针穿刺放气。 配合中药消积导滞
泄泻	白针：后海为主穴，脾俞、关元俞、后三里为配穴； 血针：带脉为主穴，蹄头、三江、通关、玉堂为配穴； 水针：后海穴。 配合中药健脾止泻

续表

病名	穴 位 及 针 法
便秘	白针：脾俞、后海为主穴，后三里、尾根、睛明为配穴； 水针：关元俞为主穴，后三里为配穴； 电针：关元俞、脾俞穴；或从两侧关元俞谷道入手，隔肠轻轻按捏粪结处，使其变形软化后逐渐排出；如粪结在直肠，缓缓掏出。 配合中药泻下通便
中暑	血针：颈脉为主穴，太阳、耳尖、尾尖、通关、山根为配穴，并用冷水浇头； 白针：百会为主穴，尾根、丹田为配穴。 迅速将病牛移到阴凉通风处，配合中药清热解暑
不孕症	电针：百会为主穴，后海、雁翅、关元俞为配穴； 激光针：阴蒂为主穴，后海为配穴； 白针：后海为主穴，百会、雁翅为配穴； TDP疗法：后海穴、阴门区照射； 水针：百会为主穴，雁翅为配穴；注射前列腺素30 mg。 配合中药催情促孕
风湿症	火针：全身性风湿，百会为主穴，安肾、抢风、气门为配穴；前肢风湿，抢风为主穴，冲天、肩外俞、肘俞为配穴；后肢风湿，气门为主穴，大胯、小胯、邪气、仰瓦、阳陵、掠草为配穴；腰部风湿，百会为主穴，肾俞为配穴。 灸法：醋酒灸或醋麸灸；软烧法；艾灸。 血针：缠腕、曲池、蹄头、涌泉、滴水穴，重者配胸膛、肾堂、尾本穴。 TDP疗法：病区照射。 配合中药祛风湿

牛的肌肉及穴位如图4-18所示。牛的骨骼及穴位如图4-19所示。

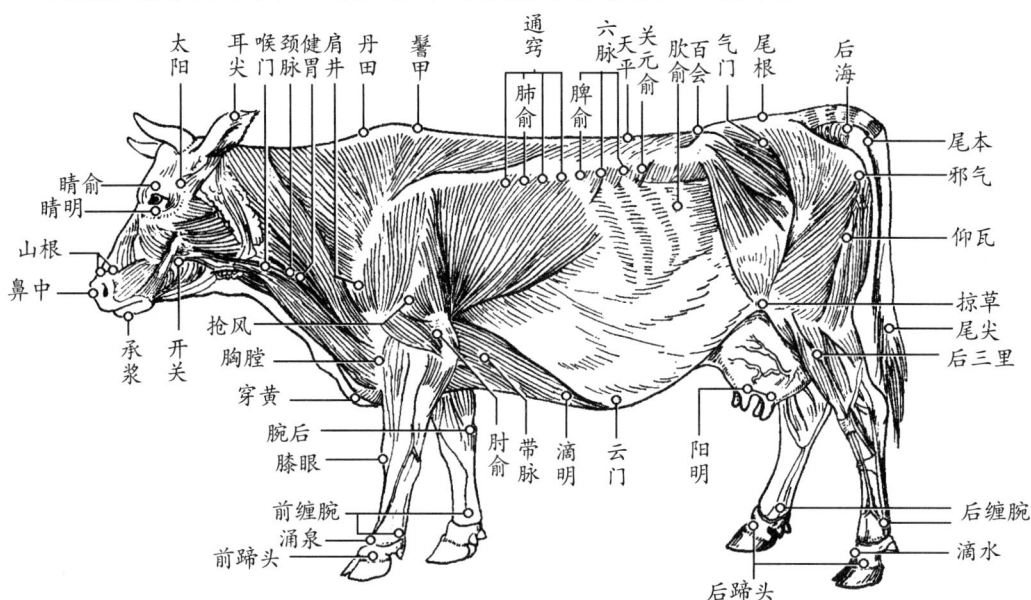

图4-18　牛的肌肉及穴位

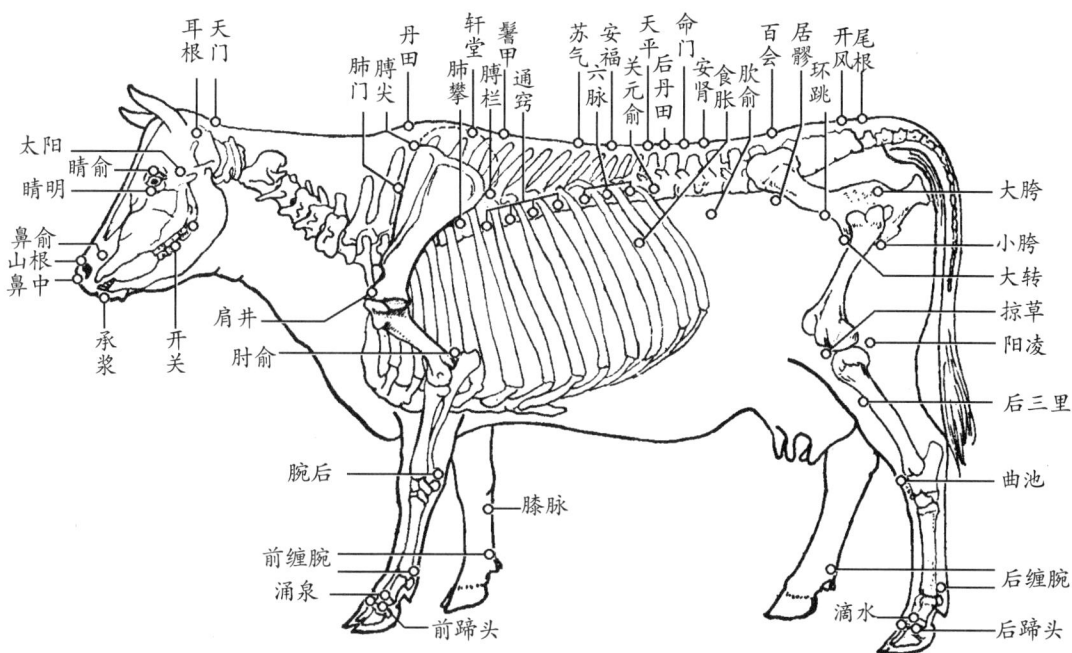

图4-19 牛的骨骼及穴位

二、猪的针灸穴位及针治

(一) 头部穴位

猪的头部穴位及针治如表4-6所示。

表4-6 猪的头部穴位及针治

穴位	位 置	针灸方法	主 治
山根	拱嘴上缘弯曲部向后第一条皱纹上，正中为主穴；两侧旁开1.5 cm处为副穴，共三穴	小宽针或三棱针直刺入0.5~1 cm，出血	中暑，感冒，消化不良，休克，热性病
鼻中	两鼻孔之间，鼻中隔正中处，一穴	小宽针或三棱针直刺入0.5 cm，出血	感冒，肺热等热性病
玉堂	口腔内，上腭第三棱正中线旁0.5 cm处，左右侧各一穴	用木棒或开口器开口，以小宽针或三棱针从口角斜刺入0.5~1 cm，出血	胃火，食欲不振，舌疮，心肺积热
承浆	下唇正中，有毛与无毛交界处，一穴	小宽针或三棱针直刺入0.5~1 cm，出血；白针向上斜刺1~2 cm	下唇肿，口疮，食欲不振，歪嘴风
锁口	口角后方约2 cm的口轮匝肌外缘处，左右侧各一穴	毫针或圆利针向内下方刺入1~3 cm，或向后平刺入3~4 cm	破伤风，歪嘴风，中暑，感冒，热性病

续表

穴位	位　置	针灸方法	主　治
开关	口角后方咬肌前缘，即从外眼角向下引一垂线与口角延长线的相交处，左右侧各一穴	毫针或圆利针向后上方刺入1.5~3 cm，或灸烙	歪嘴风，破伤风，牙关紧闭，颊肿
睛明	下眼眶上缘，两眼角内、中1/3交界处，左右眼各一穴	上推眼球，毫针沿眼球与泪骨之间向内下方刺入2~3 cm	肝热传眼，睛生翳膜，感冒
睛俞	上眼眶下缘正中的凹陷中，左右眼各一穴	下压眼球，毫针沿眼球与额骨之间内上方刺入2~3 cm	肝热传眼，睛生翳膜，感冒
太阳	外眼角后上方、下颌关节前缘的凹陷处，左右侧各一穴	低头保定，使血管怒张，用小宽针刺入血管，出血；或避开血管，用毫针直刺入2~3 cm	肝热传眼，脑黄，感冒，中暑，癫痫
耳根	耳根正后方、寰椎翼前缘的凹陷处，左右侧各一穴	毫针或圆利针向内下方刺入2~3 cm	中暑，感冒，热性病，歪嘴风
卡耳	耳郭中下部避开血管处（内外侧均可），左右耳各一穴	用宽针刺入皮下成一皮囊，嵌入适量白砒或蟾酥，再滴入适量白酒，轻揉即可	感冒，热性病，猪丹毒，风湿症
耳尖	耳背侧，距耳尖约2 cm处的三条血管上，每耳任取一穴	小宽针刺破血管，出血；或在耳尖部剪口放血	中暑,感冒,中毒,热性病,消化不良
天门	两耳根后缘连线中点，即枕寰关节背侧正中点的凹陷中，一穴	毫针、圆利针或火针向后下方斜刺入3~6 cm	中暑，感冒，癫痫，脑黄，破伤风

（二）躯干部穴位

猪躯干部穴位及针治如表4-7所示。

表4-7　猪躯干部穴位及针治

穴位	位　置	针灸方法	主　治
大椎	第七颈椎与第一胸椎棘突间的凹陷中，一穴	毫针、圆利针或小宽针稍向前下方刺入3~5 cm，或灸烙	感冒，肺热，脑黄，癫痫，血尿
苏气	第四、第五胸椎棘突间的凹陷中，一穴	毫针或圆利针顺棘突向前下方刺入3~5 cm	肺热，咳嗽，气喘，感冒
断血	最后胸椎与第一腰椎棘突间的凹陷中，为主穴；向前后移一脊椎为副穴，共三穴	毫针或圆利针直刺入2~3 cm	尿血，便血，衄血，阉割后出血
关元俞	最后肋骨后缘与第一腰椎横突之间的肌沟中，左右侧各一穴	毫针或圆利针向内下方刺入2~4 cm	便秘，泄泻，积食，食欲不振，腰风湿

续表

穴位	位 置	针灸方法	主 治
六脉	倒数第一、第二、第三肋间、距背中线约6 cm的肌沟中，左右侧各三穴	毫针、圆利针或小宽针向内下方刺入2~3 cm	脾胃虚弱，便秘，泄泻，感冒，风湿症，腰麻痹，膈肌痉挛
脾俞	倒数第二肋间、距背中线6 cm的肌沟中，左右侧各一穴	毫针、圆利针或小宽针向内下方刺入2~3 cm	脾胃虚弱，便秘，泄泻，膈肌痉挛，腹痛，腹胀
肺俞	倒数第六肋间、距背中线约10 cm的肌沟中，左右侧各一穴	毫针、圆利针或小宽针向内下方刺入2~3 cm，或刮灸、拔火罐、艾灸	肺热，咳喘，感冒
肾门	第三、第四腰椎棘突间的凹陷中，一穴	毫针或圆利针直刺入2~3 cm	腰胯风湿，尿闭，内肾黄
百会	腰荐十字部，即最后腰椎与第一荐椎棘突间的凹陷中，一穴	毫针、圆利针或小宽针直刺入3~5 cm，或灸烙	腰胯风湿，后肢麻木，二便闭结，脱肛，痉挛抽搐
肾俞	百会穴旁开3~5 cm处，左右侧各一穴	圆利针或毫针向内下方刺入2~3 cm	后肢风湿，便秘，不孕症
膻中	两前肢正中，胸骨正中线上，一穴	毫针、圆利针或小宽针向前上方刺入2~3 cm，或艾灸5~10 min，或刮灸、埋线	肺火，咳嗽，气喘
三脘	胸骨后缘与脐的连线四等份，分点依次为上脘、中脘、下脘，共三穴	毫针或圆利针直刺入2~3 cm，或艾灸3~5 min	胃寒，腹痛，泄泻，咳喘
阳明	最后两对乳头基部外侧旁开1.5 cm处，左右侧各二穴	毫针或圆利针向内上方斜刺入2~3 cm，或激光灸	乳腺炎，不孕症，乏情，乳闭
阴俞	肛门与阴门（♀）或阴囊（♂）中间的中心缝上，一穴	毫针、圆利针或火针直刺入1~2 cm	阴道脱，子宫脱（♀）；阴囊肿胀，垂缕不收（♂）
阴脱	母猪阴唇两侧，阴唇上下联合中点旁2 cm，左右侧各一穴	毫针或圆利针向前下方刺入2~5 cm，或电针、水针	阴道脱，子宫脱
肛脱	肛门两侧旁开1 cm，左右侧各一穴	毫针或圆利针向前下方刺入2~6 cm，或电针、水针	直肠脱
莲花	脱出的直肠黏膜上	温水洗净，去除坏死皮膜，用2%明矾水、生理盐水冲洗，涂上植物油，缓缓整复	脱肛
后海	尾根与肛门间的凹陷中，一穴	毫针、圆利针或小宽针稍向前上方刺入3~9 cm	泄泻，便秘，少食，脱肛

续表

穴位	位　置	针灸方法	主　治
尾根	荐椎与尾椎棘突间的凹陷中，即摇动尾根时，动与不动交界处，一穴	毫针或圆利针直刺入1~2 cm	后肢风湿，便秘，少食，热性病
尾本	尾部腹侧正中，距尾根部1.5 cm处的血管上，一穴	将尾巴提起，以小宽针直刺入1 cm，出血	中暑，肠黄，腰胯风湿，热性病
尾尖	尾巴尖部，一穴	小宽针将尾尖部穿通，或十字切开放血	中暑，感冒，风湿症，肺热，少食，饲料中毒

（三）前肢部穴位

猪前肢部穴位及针治如表4-8所示。

表4-8　猪前肢部穴位及针治

穴位	位　置	针灸方法	主　治
膊尖	肩胛骨前角与肩胛软骨结合部的凹陷中，左右侧各一穴	毫针向后下方、肩胛骨内侧斜刺入6~7 cm，小宽针刺入2~3 cm	前肢风湿，膊尖肿痛，闪伤
膊栏	肩胛骨后角与肩胛软骨结合部的凹陷中，左右侧各一穴	毫针、圆利针向前下方、肩胛骨内侧刺入6~7 cm；小宽针斜刺入2~4 cm	肩膀麻木，闪伤跛行
抢风	肩关节与肘突连线近中点的凹陷中，左右侧各一穴	毫针、圆利针或小宽针直刺入2~4 cm	肩臂部及前肢风湿，前肢扭伤、麻木
肘俞	臂骨外上髁与肘突之间的凹陷中，左右肢各一穴	毫针或圆利针直刺入2~3 cm	肘部肿胀，前肢风湿
七星	腕后内侧的黑色小点上，取正中或近正中处一点为穴，左右肢各一穴	将前肢提起，毫针或圆利针刺入1~1.5 cm，或刮灸	风湿症，前肢瘫痪，腕肿
前缠腕	前肢内外侧悬蹄稍上方的凹陷处，每肢内外侧各一穴	将术肢后曲，固定穴位，用小宽针直刺入1~2 cm	寸腕扭伤，风湿症，蹄黄，中暑
涌泉	前蹄叉正中上方约2 cm的凹陷中，每肢各一穴	小宽针向后上方刺入1~1.5 cm，出血	蹄黄，前肢风湿，扭伤，中毒，中暑，感冒
前蹄叉	前蹄叉正上方顶端处，每肢各一穴	小宽针向后上方刺入3 cm,圆利针或毫针向后上方刺入9 cm，以针尖接近系关节为度	感冒，少食，肠黄，扭伤，瘫痪，跛行，热性病
前蹄头	前蹄甲背侧，蹄冠正中有毛与无毛交界处，每蹄内外各一穴	小宽针直刺入0.5~1 cm，出血	前肢风湿，扭伤，腹痛，感冒，中暑，中毒

续表

穴位	位 置	针灸方法	主 治
前蹄门	前蹄后面，蹄球上缘、蹄软骨后端的凹陷中，每蹄左右侧各一穴	中宽针直刺入1 cm，出血	中暑，蹄黄，扭伤，腹痛

（四）后肢部穴位

猪后肢部穴位及针治如表4-9所示。

表4-9 猪后肢部穴位及针治

穴位	位 置	针灸方法	主 治
大胯	髋关节前缘，股骨大转子稍前下方3 cm处的凹陷中，左右侧各一穴	毫针或圆利针直刺入2~3 cm	后肢风湿，闪伤，瘫痪
小胯	大胯穴后下方，臀端到膝盖骨上缘连线的中点处，左右侧各一穴	毫针或圆利针直刺入2~3 cm	后肢风湿，闪伤，瘫痪
汗沟	股二头肌沟中，与坐骨弓水平线相交处，左右侧各一穴	毫针或圆利针直刺入3 cm	后肢风湿，麻木
掠草	膝关节前外侧的凹陷中，左右肢各一穴	毫针或圆利针向后上方斜刺入2 cm	膝关节肿痛，后肢风湿
后三里	髌骨外侧后下方约6 cm的肌沟内，左右肢各一穴	毫针、圆利针或小宽针向腓骨间隙刺入3~4.5 cm，或艾灸3~5 min	少食，肠黄，腹痛，仔猪泄泻，后肢瘫痪
曲池	跗关节前方稍偏内侧凹陷处的血管上，左右肢各一穴	小宽针直刺血管，出血；毫针或圆利针避开血管直刺入1~2 cm	风湿症，跗关节炎，少食，肠黄
后缠腕	后肢内外侧悬蹄稍上方的凹陷处，每肢内外侧各一穴	将术肢后曲，固定穴位，用小宽针直刺入1~2 cm	球节扭伤，风湿症，蹄黄，中暑
滴水	后蹄叉正中上方约2 cm的凹陷中，每肢各一穴	小宽针向后上方刺入1~1.5 cm，出血	后肢风湿，扭伤，蹄黄、中毒、中暑、感冒
后蹄叉	后蹄叉正上方顶端处，每肢各一穴	同前蹄叉穴	同前蹄叉穴

111

续表

穴位	位 置	针灸方法	主 治
后蹄头	后蹄甲背侧,蹄冠正中稍偏外有毛与无毛交界处,每蹄内外各一穴	小宽针直刺入0.5~1 cm,出血	后肢风湿,扭伤,腹痛,感冒,中暑,中毒
后蹄门	后蹄后面,蹄球上缘、蹄软骨后端的凹陷中,每蹄左右侧各一穴	中宽针直刺入1 cm,出血	中暑,蹄黄,扭伤,腹痛

(五)猪常见病针灸处方

猪常见病针灸处方如表4-10所示。

表4-10 猪常见病针灸处方

病名	穴 位 及 针 法
中暑	血针:山根、耳尖、尾尖为主穴,尾本、涌泉、滴水、蹄头为配穴; 白针:大椎、苏气为主穴,百会、七星、蹄叉为配穴; 水针:天门、百会、大椎为主穴,苏气、蹄叉、尾尖为配穴
感冒	血针:山根为主穴,耳尖、尾尖、蹄头为配穴; 水针:大椎、苏气、百会穴; 白针:大椎、苏气为主穴,百会、七星、蹄叉为配穴
中毒	血针:耳尖、尾尖为主穴,鼻中、山根、尾本为配穴; 白针:天门、七星、蹄叉等穴
肺热咳嗽	血针:山根为主穴,玉堂、耳尖、尾尖为配穴; 白针:苏气、肺俞为主穴,百会、膻中、大椎为配穴; 水针:苏气、肺俞,注射鱼腥草注射液或抗生素
气喘病	水针:苏气、肺俞、膻中、六脉穴,任选1~2穴; 埋植疗法:卡耳,或肺俞、苏气、膻中; 白针:苏气、肺俞为主穴,膻中、六脉为配穴; 血针:山根为主穴,尾尖、蹄头为配穴
脾胃虚弱	温针:百会、脾俞为主穴,海门、后三里为配穴; 电针:两侧关元俞穴,或百会、后三里、脾俞; 水针:脾俞、后三里穴; 血针:山根、玉堂为主穴,尾尖、耳尖、蹄头为配穴
伤食	白针:后海、脾俞为主穴,后三里、七星为配穴; 水针:关元俞、六脉穴;电针:关元俞为主穴,六脉为配穴; 血针:玉堂、山根为主穴,蹄头、鼻中为配穴
便秘	电针:两侧关元俞穴,或百会、后三里、脾俞; 白针:脾俞、后海为主穴,后三里、七星、六脉、关元俞为配穴 血针:山根、玉堂为主穴,蹄头、尾本、尾尖为配穴

续表

病名	穴 位 及 针 法
泄泻	水针：后海穴； 激光针：后海穴照射； 艾灸：脾俞、百会、后三里，用于寒湿泻或脾虚泻
仔猪下痢	水针：后海、后三里、脾俞穴； 埋线：后海为主穴，脾俞、后三里为配穴 白针、激光针：后海、脾俞、后三里、六脉、百会； 艾灸：三脘穴
不孕症	电针：两侧肾俞，或百会、后海、阴俞； 白针：百会为主穴，后海为配穴
生产瘫痪	电针：百会为主穴，大胯、小胯、抢风、肾门、脾俞、后三里、蹄叉等为配穴，根据病肢所在部位，选择相应穴位； 火针：百会、风门、肾门为主穴，肩井、抢风或大胯、后三里为配穴； 水针：百会、肾门、肩井、抢风、大胯、后三里等穴

猪的骨骼及穴位如图4-20所示，猪的肌肉及穴位如图4-21所示。

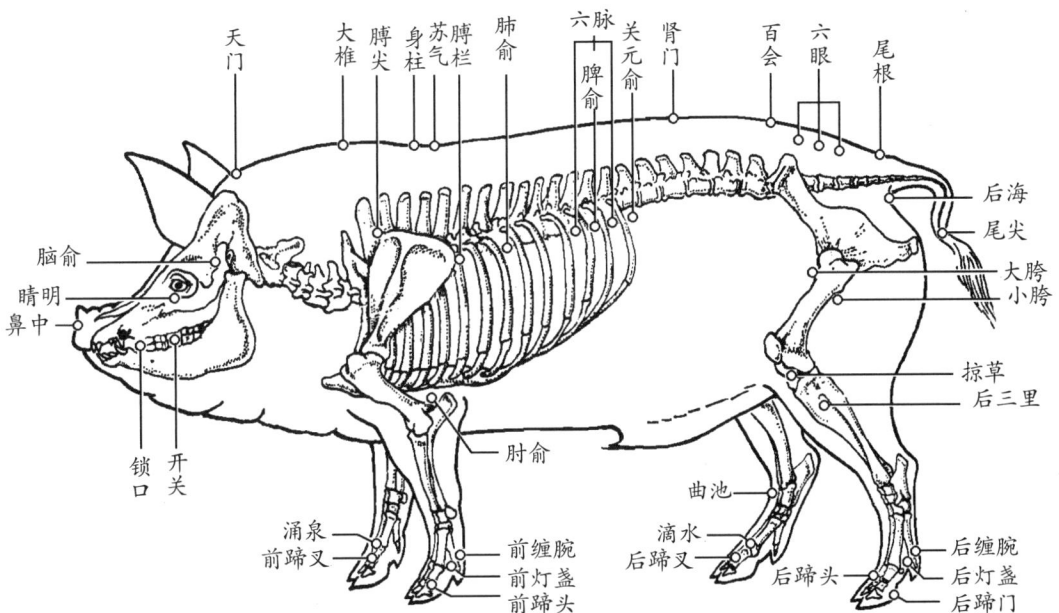

图4-20 猪的骨骼及穴位

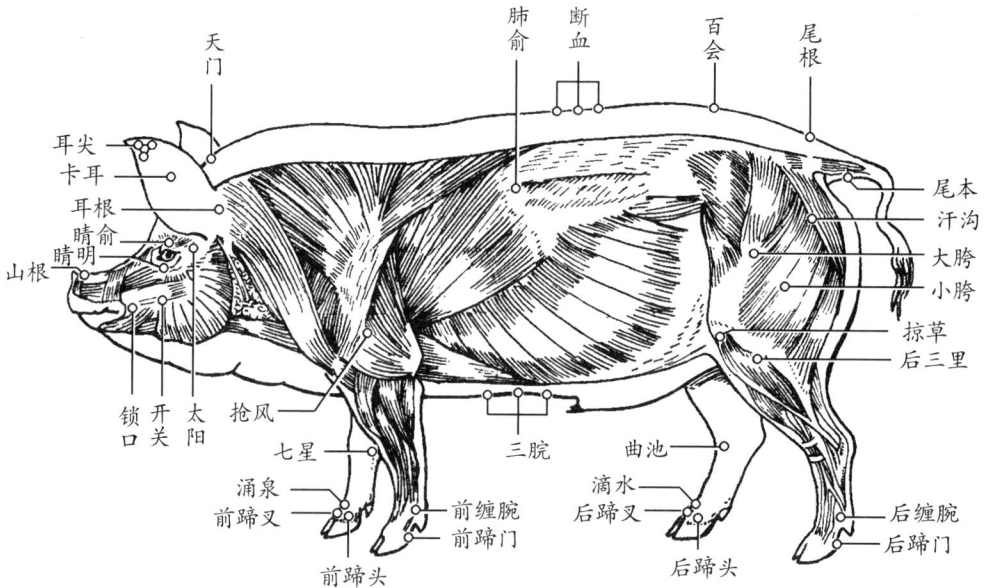

图4-21 猪的肌肉及穴位

三、犬的针灸穴位及针治

（一）头部穴位

犬的头部穴位及针治如表4-11所示。

表4-11 犬的头部穴位及针治

穴位	位 置	针灸方法	主 治
水沟	上唇唇沟上、中1/3交界处，一穴	毫针或三棱针直刺入0.5 cm	脑卒中，中暑，支气管炎
山根	鼻背正中有毛与无毛交界处，一穴	三棱针点刺入0.2~0.5 cm，出血	脑卒中，中暑，感冒，发热
三江	内眼角下的血管上，左右侧各一穴	三棱针点刺入0.2~0.5 cm，出血	便秘，腹痛，目赤肿痛
承泣	下眼眶上缘中部，左右侧各一穴	上推眼球，毫针沿眼球与眼眶之间刺入2~3 cm	目赤肿痛，睛生云翳，白内障
睛明	内眼角上下眼睑交界处，左右眼各一穴	外推眼球，毫针直刺入0.2~0.3 cm	目赤肿痛，眵泪，云翳
上关	下颌关节后上方，下颌骨关节突与颧弓之间，张口时出现的凹陷中，左右侧各一穴	毫针直刺入3 cm	歪嘴风，耳聋
下关	下颌关节前下方，颧弓与下颌骨角之间的凹陷中，左右侧各一穴	毫针直刺入3 cm	歪嘴风，耳聋

续表

穴位	位 置	针灸方法	主 治
翳风	耳基部，下颌关节后下方的凹陷中，左右侧各一穴	毫针直刺入3 cm	歪嘴风，耳聋
耳尖	耳郭尖端背面的血管上，左右耳各一穴	三棱针或小宽针点刺，出血	中暑，感冒，腹痛
天门	枕寰关节背侧正中点的凹陷中，一穴	毫针直刺入1~3 cm，或艾灸	发热，脑炎，抽风，惊厥

（二）躯干部穴位

犬的躯干部穴位及针治如表4-12所示。

表4-12 犬的躯干部穴位及针治

穴位	位 置	针灸方法	主 治
大椎	第七颈椎与第一胸椎棘突间的凹陷中，一穴	毫针直刺入2~4 cm，或艾灸	发热，咳嗽，风湿症，癫痫
身柱	第三、第四胸椎棘突间的凹陷中，一穴	毫针向前下方刺入2~4 cm，或艾灸	肺热，咳嗽，肩扭伤
灵台	第六、第七胸椎棘突间的凹陷中，一穴	毫针稍向前下方刺入1~3 cm，或艾灸	胃痛，肝胆湿热，肺热咳嗽
悬枢	最后（第十三）胸椎与第一腰椎棘突间的凹陷中，一穴	毫针斜向后下方刺入1~2 cm，或艾灸	风湿病，腰部扭伤，消化不良，腹泻
脾俞	倒数第二肋间、距背中线6 cm的髂肋肌沟中，左右侧各一穴	毫针沿肋间向下方斜刺入1~2 cm，或艾灸	食欲不振，消化不良，呕吐，贫血
肺俞	倒数第十肋间、距背中线约6 cm的肌沟中，左右侧各一穴	毫针沿肋间向下方斜刺入1~2 cm，或艾灸	咳嗽，气喘，支气管炎
命门	第二、第三腰椎棘突间的凹陷中，一穴	毫针斜向后下方刺入1~2 cm，或艾灸	风湿症，泄泻，腰痿，水肿，中风
阳关	第四、第五腰椎棘突间的凹陷中，一穴	毫针斜向后下方刺入1~2 cm，或艾灸	性机能减退，子宫内膜炎，风湿症，腰扭伤
百会	腰荐十字部，即最后（第七）腰椎与第一荐椎棘突间的凹陷中，一穴	毫针直刺入1~2 cm，或艾灸	腰胯疼痛，瘫痪，泄泻，脱肛
三焦俞	第一腰椎横突末端相对的肌沟中，左右侧各一穴	毫针直刺入1~3 cm，或艾灸	食欲不振，消化不良，呕吐，贫血
肾俞	第二腰椎横突末端相对的肌沟中，左右侧各一穴	毫针直刺入1~3 cm，或艾灸	肾炎，多尿症，不孕症，腰部风湿，扭伤

续表

穴位	位 置	针灸方法	主 治
大肠俞	第四腰椎横突末端相对的肌沟中，左右侧各一穴	毫针直刺入1~3 cm，或艾灸	消化不良，肠炎，便秘
关元俞	第五腰椎横突末端相对的肌沟中，左右侧各一穴	毫针直刺入1~3 cm，或艾灸	消化不良，便秘，泄泻
小肠俞	第六腰椎横突末端相对的肌沟中，左右侧各一穴	毫针直刺入1~2 cm，或艾灸	肠炎，肠痉挛，腰痛
膀胱俞	第七腰椎横突末端相对的肌沟中，左右侧各一穴	毫针直刺入1~2 cm，或艾灸	膀胱炎，尿血，膀胱痉挛，尿潴留，腰痛
胸膛	胸前，胸外侧沟中的血管上，左右侧各一穴	头高位，小宽针或三棱针顺血管急刺入1 cm，出血	中暑，肩肘扭伤，风湿症
中脘	胸骨后缘与脐的连线中点，一穴	毫针向前斜刺入0.5~1 cm，或艾灸	消化不良，呕吐，泄泻，胃痛
天枢	脐眼旁3 cm，左右侧各一穴	毫针直刺入0.5 cm，或艾灸	腹痛，泄泻，便秘，带证
后海	尾根与肛门间的凹陷中，一穴	毫针稍沿脊椎方向刺入3~5 cm	泄泻，便秘，脱肛，阳痿
尾根	最后荐椎与第一尾椎棘突间的凹陷中，一穴	毫针直刺入0.5~1 cm	瘫痪，尾麻痹，脱肛，便秘，腹泻
尾本	尾部腹侧正中，距尾根部1 cm处的血管上，一穴	三棱针直刺入0.5~1 cm，出血	腹痛，尾麻痹，腰风湿
尾尖	尾末端，一穴	毫针或三棱针从末端刺入0.5~0.8 cm	中风，中暑，泄泻

（三）前肢部穴位

犬的前肢部穴位及针治如表4-13所示。

表4-13　犬的前肢部穴位及针治

穴位	位 置	针灸方法	主 治
肩井	肩峰前下方、臂骨大结节上缘的凹陷中，左右肢各一穴	毫针直刺入1~3 cm	肩部神经麻痹，扭伤
肩外髃	肩峰后下方、臂骨大结节后上缘的凹陷中，左右肢各一穴	毫针直刺入2~4 cm，或艾灸	肩部神经麻痹，扭伤
抢风	肩关节后方，三角肌后缘、臂三头肌长头和外头形成的凹陷中，左右肢各一穴	毫针直刺入2~4 cm，或艾灸	前肢神经麻痹，扭伤，风湿症
郄上	肩外髃与肘俞连线的下1/4处，左右肢各一穴	毫针直刺入2~4 cm，或艾灸	前肢神经麻痹，扭伤，风湿症

续表

穴位	位　　置	针灸方法	主　治
肘俞	臂骨外上髁与肘突之间的凹陷中，左右肢各一穴	毫针直刺入2~4 cm，或艾灸	前肢及肘部疼痛，神经麻痹
曲池	肘关节前外侧，肘横纹外端凹陷中，左右肢各一穴	毫针直刺入3 cm，或艾灸	前肢及肘部疼痛，神经麻痹
前三里	前臂外侧上1/4处肌沟中，左右肢各一穴	毫针直刺入2~4 cm，或艾灸	桡神经、尺神经麻痹，前肢神经痛，风湿症
外关	前臂外侧下1/4处的桡骨、尺骨间隙中，左右肢各一穴	毫针直刺入1~3 cm，或艾灸	桡神经、尺神经麻痹，前肢风湿，便秘，缺乳
内关	前臂内侧下1/4处的桡、尺骨间隙处，左右肢各一穴	毫针直刺入1~2 cm，或艾灸	桡神经、尺神经麻痹，腹痛，中风
涌泉	第三、第四掌骨间的血管上，每肢各一穴	三棱针直刺入1 cm，出血	风湿症，感冒
指间	前足背指间，掌指关节水平线上，每足三穴	毫针斜刺入1~2 cm，或三棱针点刺	指扭伤或麻痹

（四）后肢部穴位

犬的后肢部穴位及针治如表4-14所示。

表4-14　犬的后肢部穴位及针治

穴位	位　　置	针灸方法	主　治
环跳	股骨大转子前方，髋关节前缘的凹陷中，左右侧各一穴	毫针直刺入2~4 cm，或艾灸	后肢风湿，腰胯疼痛
肾堂	股内侧上部的血管上，左右肢各一穴	三棱针或小宽针顺血管刺入0.5~1 cm，出血	腰胯闪伤、疼痛
膝上	髌骨上缘外侧0.5 cm处，左右肢各一穴	毫针直刺入0.5~1 cm	膝关节炎
膝下	膝关节前外侧的凹陷中，左右肢各一穴	毫针直刺入1~2 cm，或艾灸	膝关节炎，扭伤，神经痛
后三里	后肢小腿外侧上1/4处的胫骨、腓骨间隙内，左右肢各一穴	毫针直刺入1~2 cm，或艾灸	消化不良，腹痛，泄泻，胃肠炎，后肢疼痛、麻痹
阳辅	小腿外侧下1/4处的腓骨前缘，左右肢各一穴	毫针直刺入1 cm，或艾灸	后肢疼痛、麻痹，发热，消化不良
解溪	跗关节背侧横纹中点、两筋之间，左右肢各一穴	毫针直刺入1 cm，或艾灸	后肢扭伤，跗关节炎，麻痹

续表

穴位	位　置	针灸方法	主　治
后跟	跟骨与腓骨远端之间的凹陷中，左右肢各一穴	毫针直刺入1 cm，或艾灸	扭伤，后肢麻痹
滴水	第三、第四跖骨间的血管上，每肢各一穴	三棱针直刺入1 cm，出血	风湿症，感冒
趾间	后足背趾间，跖趾关节水平线上，每足三穴	毫针斜刺入1~2 cm，或三棱针点刺	趾扭伤或麻痹

（五）犬常见病针灸处方

犬常见病针灸处方如表4-15所示。

表4-15　犬常见病针灸处方

病名 （西兽医病名）	穴位及针灸法
中暑	血针：耳尖、尾尖为主穴，山根、胸膛、涌泉、滴水为配穴； 白针：水沟、大椎为主穴，天门、指间、趾间为配穴。 及时将病犬迅速移到阴凉通风处，冷敷，配合强心补液
休克	白针：水沟为主穴，内关、后三里、指间、趾间为配穴； 血针：山根、耳尖为主穴，尾尖、胸膛为配穴； 艾灸：天枢穴。 同时配合药物急救
肺炎	白针：肺俞、大椎为主穴，身柱、灵台、水沟为配穴； 血针：耳尖、尾尖为主穴，涌泉、滴水为配穴； 水针：喉俞穴，注射有效抗生素。 配合使用清热化痰药
肚胀	白针或电针：后三里、后海为主穴，百会、大肠俞、外关、内关为配穴； 艾灸：中脘、后海、后三里、天枢穴。 配合药物消食、消胀
腹泻	白针：后三里、后海、脾俞为主穴，百会、大肠俞、胃俞、悬枢为配穴； 艾灸：中脘、脾俞、后三里、天枢； 水针：后三里、后海、关元俞、百会； 血针：尾尖为主穴，涌泉、滴水为配穴。 配合药物燥湿止泻
便秘	电针：双侧关元俞； 白针：关元俞、大肠俞、脾俞为主穴，百会、后三里、外关、后海为配穴； 血针：三江为主穴，尾尖、耳尖为配穴。 配合药物泻下通肠

犬的肌肉及穴位如图4-22所示。犬的骨骼及穴位如图4-23所示。

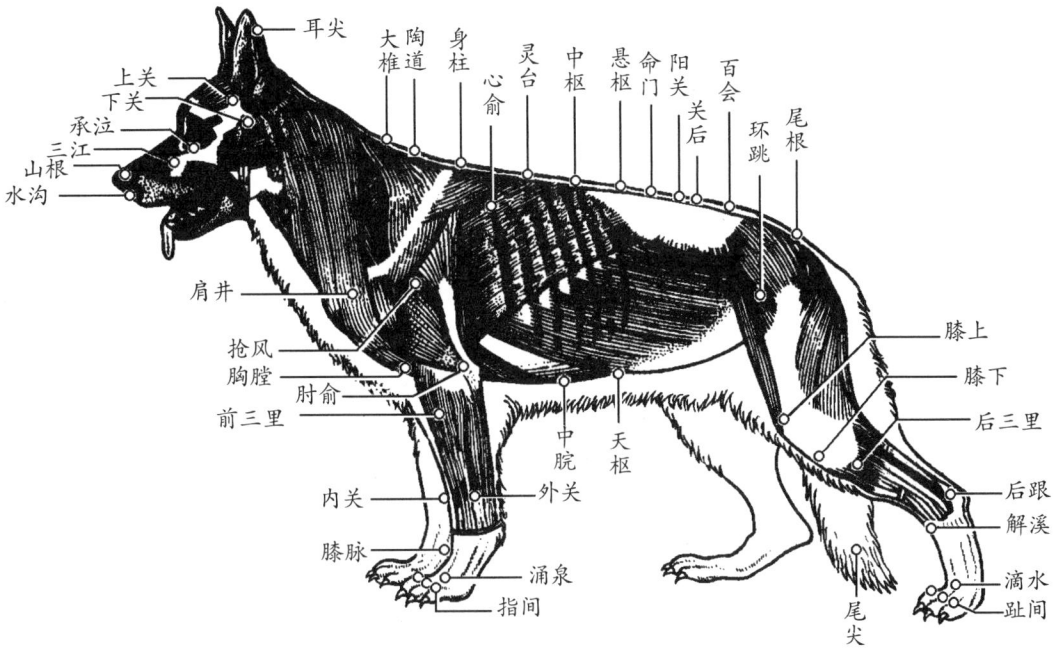

图4-22　犬的肌肉及穴位

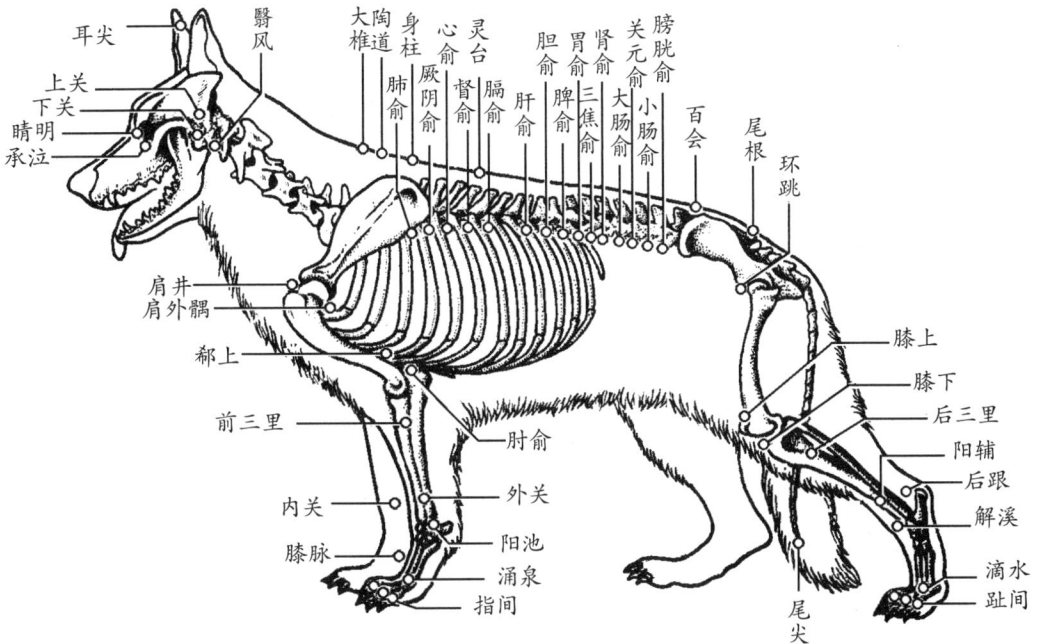

图4-23　犬的骨骼及穴位

任务三 针灸操作

一、白针疗法

白针疗法是用毫针、圆利针或小宽针等，在白针穴位（即针刺后不出血的穴位）上施针，借以调整机体功能活动，治疗动物各种病症的一种方法，是在临诊应用上最为广泛的针法。

【术前准备】

先将动物妥善保定，根据病情选好施针穴位，剪毛消毒。然后根据针刺穴位选取适当长度的针具，检查并消毒针具。

【操作方法】

1. 圆利针术

（1）缓刺法。一般先将针尖刺至皮下，然后调整好针刺角度，捻转进针达所需深度，并施以补泻方法使之出现针感。一般需留针10~20 min，在留针过程中，每隔3~5 min可行针1次，加强刺激强度。

（2）急刺法。术者采用执笔式或全握式持针，瞄准穴位按穴位要求的针刺角度迅速刺入或以飞针法刺入穴位至所需深度。

2. 毫针术

与圆利针缓刺法相似。与其他白针术相比，其操作有以下特点：同一穴位可反复多次施针；进针较深，且可一针透数穴；行针可运用插、捻、捣、搓、摇等手法。

3. 小宽针术

施针时，常规消毒，左手按穴，右手持针，以拇指、食指固定入针深度，速刺速拔，不留针，不行针，出针后严格消毒，防止感染。适用于肌肉丰满的穴位。

【注意事项】

施针前严格检查针具，防止发生事故；施针后严格消毒针孔，防止感染。

二、血针疗法

使用宽针和三棱针等针具在动物的血针穴位（即针刺后出血的穴位，位于体表浅静脉或末梢器官血管丛上）上施针，刺破穴部浅表静脉（丛），使之出血，从而达到泻热排毒，活血消肿，防治疾病的目的，这种施针法称为血针疗法。

【术前准备】

应根据施针穴位采取不同保定体位，保定好动物，以使其血管怒张。如针三江、太阳等穴宜用低头保定法，针刺胸膛穴宜用昂头保定法，所谓"低头看三江，抬头看胸膛"等。血针因在血管上施术，容易感染，因此术前应严格消毒，穴位剪毛，涂以碘酊，针具和术者手指也应严格消毒。此外，还应备有止血器具和药品。

【操作方法】

1. 宽针术

若血管较粗，需出血量大，可用大宽针、中宽针；血管细，需出血量小，可用小宽针等。一般多垂直刺入1 cm左右，以出血为准。

2. 三棱针术

多用于体表浅刺，如三江穴、分水穴；或口腔内穴位，如通关穴、玉堂穴等。一般以刺破穴位血管出血为度。针刺出血后，多能自行止血，或用酒精棉球轻压穴位止血。

【注意事项】

施宽针术时，针刃必须与血管的长轴平行，以防切断血管。如出现出血不止可采取压迫止血，或采取其他止血措施。谨防折针。血针穴位以刺破血管为度，不宜过深，以免刺穿血管，造成血肿。掌握好泻血量，血针后，术部宜保持清洁，以防感染。

三、火针疗法

火针疗法是用特制的针具烧热后刺入穴位以治疗疾病的一种方法。火针具有温经通络、祛风散寒、壮阳止泻等作用。主要用于风寒湿痹、慢性跛行、阳虚泄泻等证。

【术前准备】

准备火针、烧针器材，封闭针孔用的橡皮膏。穴位剪毛消毒。

【操作方法】

先根据穴位选择适宜长度的火针。先取适量药棉将针尖及针身的一部分缠成枣核形，外紧内松；然后浸入植物油或液状石蜡中，点燃，始终保持针尖在火焰中，并不断转动，使针体受热均匀。待油尽棉花收缩变黑将要燃尽时，甩掉或用镊子刮脱棉花，迅速刺入穴位中，留针（5 min左右）或不留针。留针期间轻微捻转运针。将针拔出后，针孔用5%碘酊消毒，并用橡皮膏封闭针孔，防止感染。

【注意事项】

（1）穴位下有大的血管、神经干或位于关节囊处的穴位一般不得施火针。施针时动物应保定确实，针具应烧透，刺穴要准确。针后必须严格消毒，并封闭针孔，保持术部清洁。

（2）火针对动物的刺激性较强，一般效果能持续1周以上，10 d之后方可在同一穴位重复施针，故针刺前应有全面的计划，每次可选3~5个穴位，轮换交替进行。

四、电针疗法

电针疗法是将毫针、圆利针刺入穴位产生针感后，通过针体导入适量的电流，利用电刺激来加强或代替手捻针刺激以治疗疾病的一种疗法。

【术前准备】

准备圆利针或毫针，电针机及其附属用具（导线、金属夹子）。根据病情，选定穴位（每组2穴）、剪毛剪、消毒药品等。

【操作方法】

1. 扎针

常规剪毛消毒，将圆利针或毫针刺入穴位，行针使之出现针感。

2. 接通电针机

先将电针机调至治疗档，各种旋钮调至"0"位，将正负极导线分别夹在针柄上；然后打开电源开关，根据病情和治疗需要，调节电针机的各项参数。

（1）频率。电针机的频率范围在10~550 Hz。一般治疗时频率不必过高，只在针麻时才应用较高的频率。治疗软组织损伤，频率可稍高；治疗结症则频率要低。

（2）输出强度。电流输出强度的调节一般应由弱到强，逐步加大，以患病动物能够安静接受治疗的最大耐受量为度。

（3）波形。多用方波治疗神经麻痹、肌肉萎缩。密波、疏密波均可降低神经肌肉的兴奋性，止痛作用明显。间断波可提高肌肉紧张度，对神经麻痹、肌肉萎缩有效。

各种参数调整妥当后，通电时间一般为15~30 min。应经常变换波形、频率和电流。治疗完毕，应先将各档旋钮调回"0"位，再关闭电源开关，除去导线夹，起针消毒。

电针治疗一般每日1次或隔日1次，5~7 d为1疗程，每个疗程间隔3~5 d。

【注意事项】

（1）针刺靠近心脏或延脑的穴位时，必须掌握好深度和刺激强度，防止伤及心、脑导致猝死。动物也必须保定确实，防止因动物骚动而将针体刺入深部。

（2）通电期间，注意金属夹与导线是否固定妥当。有时针体会随着肌肉的震颤渐渐向外退出，需注意及时将针体复位。

（3）有些穴位经针治后呈现渐进性出血或形成皮下血肿，不需处理，几天后即可自行消散。

五、水针疗法

水针疗法也称穴位注射疗法，它是将某些中西药液注入穴位或患部痛点、肌肉起止点来防治疾病的方法。这种疗法将针刺与药物疗法相结合，具有方法简便、疗效提高并节省药量的特点。若注射麻醉性药液，称穴位封闭疗法；注射抗原性物质，称穴位免疫。

【术前准备】

临诊可根据病情，酌情选用药物。例如，治疗各种炎性疾病、风湿症等，可选用抗生素、镇静止痛剂、抗风湿药等；治疗各种跛行、外伤性瘀血肿痛等，可选用红花注射液、复方当归注射液等；穴位封闭，可选用0.5%~2%盐酸普鲁卡因注射液；穴位免疫，可选用各种特异性抗原、疫苗等。

【操作方法】

基本同于普通肌肉注射，将注射针头刺入，待出现针感后再注射药物。

【注射剂量】

一般来说，每次注射的总量均小于该药的普通临诊治疗用量。

此外，针术尚有激光针灸疗法、微波针术疗法和电磁针灸术疗法等。

六、灸烙术

灸烙术包括艾灸、温熨、烧烙和拔火罐等。

（一）艾灸

艾灸是用点燃的艾绒在患病动物的一定穴位上熏灼，借以疏通经络，驱散寒邪，达到治疗疾病目的所采用的方法。艾灸主要有艾柱灸和艾卷灸两种。

1. 艾炷灸

艾炷是用艾绒制成的圆锥形的艾绒团，直接或间接置于穴位皮肤上点燃。每燃完一个艾炷，称为"一壮"。一般来说，初病、体质强壮者，艾炷宜大，壮数宜多；久病、体质虚弱者艾炷宜小，壮数宜少；直接灸时艾炷宜小，间接灸时艾炷宜大。

（1）直接灸。将艾炷直接置于穴位皮肤上，在其顶端点燃，待烧到接近底部时，再换一个艾炷。根据灸灼皮肤的程度又分为无疤痕灸和有疤痕灸两种。

（2）间接灸。在艾炷与穴位皮肤之间放置生姜、大蒜等药物，用针穿透数孔，上置艾炷，放在穴位上点燃，灸至局部皮肤温热潮红为度（见图4-24、图4-25）。隔姜灸用于增强祛风散寒作用；大蒜灸用于治疗痈疽肿毒证；附子灸用于治疗多种阳虚证。

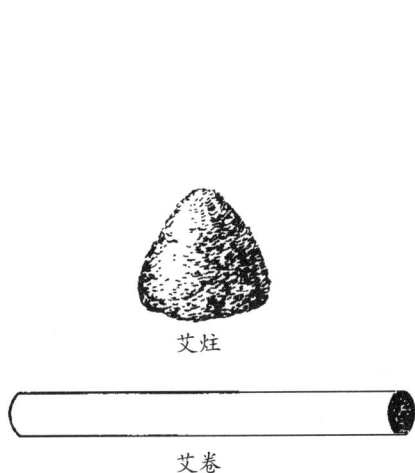

图4-24　艾炷和艾卷

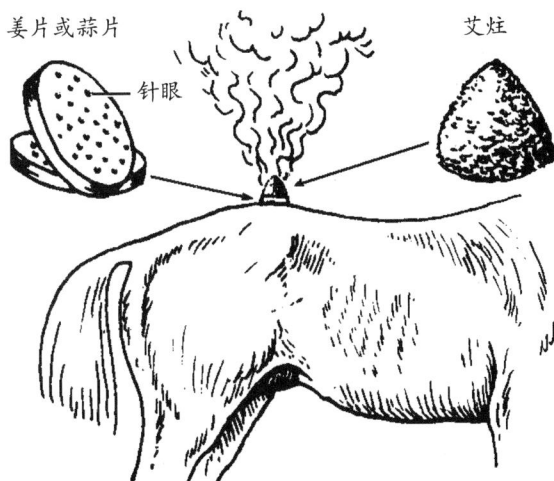

图4-25　隔姜灸、隔蒜灸

123

2.艾卷灸

（1）温和灸。将点燃的艾卷在距穴位皮肤0.5~2 cm处持续熏灼，适用于风湿痹痛等症。

（2）回旋灸。将燃着的艾卷在患部的皮肤上往返、回旋熏灼，用于肌肉风湿等症。

（3）雀啄灸。将艾卷点燃后，对准穴位，接触一下穴位皮肤，马上拿开，再接触再拿开，如雀啄食般反复进行2~5 min。多用于需较强火力施灸的慢性疾病。

3.温针灸

温针灸是针刺和艾灸相结合的一种疗法，又称烧针柄灸法。起到针和灸的双重作用。适用于既需留针，又需施灸的疾病。

（二）温熨

1.醋麸灸

是用醋拌炒麦麸热敷患部的一种疗法，主治牛等大型动物背部及腰胯风湿等证。用时，需准备麦麸10 kg（也可用醋糟、酒糟代替），食醋3~4 kg，布袋（或麻袋）2个。将麦麸放在铁锅中炒，随炒随加醋，至手握麦麸成团、放手即散为度。炒至温度达40~60 ℃时即可装入布袋中，平坦地搭于患病动物腰背部进行热敷。当其患部微有汗出时，除去麸袋，以干麻袋或毛毯覆盖患部，调养于暖厩，勿使其受风寒。本法可1日1次，连续数日。

2.醋酒灸

醋酒灸又称火鞍法，俗称火烧战船。是用醋和酒直接灸熨患部的一种疗法。主治背部及腰胯风湿，也可用于破伤风的辅助治疗，但忌用于瘦弱衰老、高热及妊娠动物。施术时，先将患病动物保定于六柱栏内，用毛刷蘸醋刷湿其背腰部被毛，刷湿面积略大于灸熨部位，以1 m见方的白布或双层纱布浸透醋液，铺于其背腰部；然后以橡皮球或注射器吸取60°的白酒或70%以上的酒精均匀地喷洒在白布上，点燃；反复地喷酒浇醋，维持火力，即火小喷酒，火大浇醋，直至其耳根和肘后出汗为止。在施术过程中，切勿使敷布及被毛烧干。

（三）烧烙

使用烧红的烙铁在患部或穴位上进行敷烙或画烙的治疗方法，称为烧烙疗法。对一些针药久治不愈的慢性筋骨、肌肉、关节疾患及破伤风、神经麻痹等具有较好的疗效。

1.直接烧烙

直接烧烙又称画烙术，即用烧红的烙铁按一定图形直接在患部烧烙的方法。

2.间接烧烙

间接烧烙是用大方形烙铁在覆盖有用醋浸透的棉花纱布垫的穴位或患部上进行熨烙的一种治疗方法，又称熨烙法。

（四）拔火罐

拔火罐是借助火焰排除罐内部分空气，造成负压吸附在动物穴位皮肤上来治疗疾病的一种方法。负压可造成局部瘀血，具有温经通络、活血逐痹的作用。适用于疼痛性病患，如肌肉风湿，关节风湿，消化不良，风寒感冒，寒性喘证，跌打损伤以及疮疡的吸毒、排脓等。

七、其他针灸疗法

1. 特定电磁波谱疗法

特定电磁波谱疗法是利用特定电磁波谱治疗器发出的特定电磁波刺激穴位或患部来治疗疾病的一种方法。适用于各种炎症，如关节炎、腱鞘炎、炎性肿胀、扭挫伤等；产科疾病，如子宫脱、阴道脱、胎衣不下、子宫炎及卵巢机能性不孕、阳痿等。

2. 埋植术

埋植术是将肠线或某些药物埋植在穴位或患部以防治疾病的方法。埋线疗法用于消化不良、下痢、闪伤跛行等病症。如脾胃虚弱，可选脾俞穴、后三里穴，下痢选后海穴。用持针钳夹住带肠线的缝合针，穿透皮肤和肌肉，从穴位另一侧穿出，剪断穴位两边露出的肠线，使肠线完全埋入穴位内，最后消毒针孔，防止感染。

【职业能力测试】

一、判断题（正确的在括号里画"√"，错误的画"×"）

1. 针刺牛的顺气穴主治肚胀，感冒，睛生翳膜。（　　）
2. 针刺猪的山根穴主治肺热，咳嗽，气喘，感冒。（　　）
3. 在白针穴位上施针称为血针疗法。（　　）
4. 水针疗法也称穴位注射法。（　　）
5. 后海穴位于尾根与肛门间的凹陷中。（　　）
6. 治疗肺热咳喘可选用肺俞等穴。（　　）
7. 治疗不孕症可选用百会、后海等穴。（　　）
8. 治疗泄泻应选用后海穴。（　　）
9. 宿草不转的针刺疗法可选用脾俞、关元俞、食胀等穴。（　　）
10. 牛的肚胀（瘤胃臌气）巧治应在脾俞穴用套管针穿刺放气。（　　）

二、选择题

1. 针具的消毒方法通常是（　　）。
A. 煮沸　　　　B. 75%的酒精浸泡　　　C. 高压消毒　　　　D. 来苏儿溶液浸泡
2. 艾灸是选用（　　）制成的绒点燃后在一定穴位上熏灼。
A. 桑叶　　　　B. 大蒜　　　　　　　C. 紫苏　　　　　　D. 艾叶
3. 猪的血针疗法，选择最多的穴位组是（　　）。
A. 尾尖、耳尖　　B. 蹄头、百会　　　C. 涌泉、锁口　　　D. 山根、缠腕
4. 治疗前肢疾病的主穴是（　　）。
A. 肩井　　　　B. 抢风　　　　　　　C. 肘俞　　　　　　D. 胸膛
5. 治疗牛前胃疾病的主选穴组是（　　）。
A. 六脉、反刍　　B. 关元俞、食胀　　　C. 顺气、脾俞　　　D. 滴明、后海

三、填空题

1. 水针疗法主要分为_____注射，_____和_____注射等。
2. 拔火罐方法一般用_____法、_____法、_____法。
3. 猪的后三里穴主治_____、_____、_____等病症。

4. 治疗猪尿血、便血、阉割等出血的穴位是_____。

5. 兽医临诊主要采用的火针的烧针方法是_____。

6. 牛的承浆穴主治_____、_____、_____等病症。

7. 水针疗法中，若注射麻醉性药物，称为_____；若注射抗原性物质，称为_____。

四、简答题

1. 猪的后海穴、山根穴主治哪些病症？

2. 牛的顺气穴、关元俞穴、百会穴主治哪些病症？

技能训练

实训一　穴位的认定

【技能目标】

进一步掌握取穴的方法及常用针灸穴位的部位。

【材料用具】

不同种类的实训动物各4头，保定栏具按实训动物配备，动物针灸挂图、消毒液、脸盆、毛巾等各1件，笔记本人手1本，技能单人手1份。

【内容方法】

1. 猪的常用穴位

（1）山根。拱嘴上缘弯曲部向后第一条皱纹上，正中为主穴；两侧旁开1.5 cm处为二副穴，共三穴。

（2）鼻中。两鼻孔之间，鼻中隔正中处，一穴。

（3）玉堂。口腔内，上腭第三腭褶正中线旁开0.5 cm处，左右侧各一穴。

（4）耳尖。耳背侧，距耳尖约2 cm处的三条耳大静脉上，每耳任取一穴。

（5）太阳。外眼角后上方，下颌关节前缘的凹陷处，左右侧各一穴。

（6）大椎。第七颈椎与第一胸椎棘突间的凹陷中，一穴。

（7）断血。最后胸椎与第一腰椎棘突间的凹陷中，为主穴；向前后移一脊椎为副穴，共三穴。

（8）百会。腰荐十字部，即最后腰椎与第一荐椎棘突间的凹陷中，一穴。

（9）后海。尾根与肛门间的凹陷中，一穴。

（10）尾尖。尾巴尖部，一穴。

（11）肛脱。肛门两侧旁开1 cm，左右侧各一穴。

（12）三脘。胸骨后缘与脐的连线四等份，分点依次为上脘、中脘、下脘，共三穴。

（13）抢风。肩关节与肘突连线近中点的凹陷中，左右侧各一穴。

（14）涌泉。前蹄叉正中上方约2 cm的凹陷中，每肢各一穴。

（15）后三里。髋骨外侧后下方6 cm的肌沟内，左右肢各一穴。

2. 牛的常用穴位

（1）耳尖。耳背侧距尖端3 cm的耳静脉内、中、外三支上，左右耳各三穴。

（2）山根。主穴在鼻唇镜上缘正中有毛与无毛交界处，两副穴在左右两鼻孔背角处，共三穴。

（3）顺气。口内硬腭前端，齿板后切齿乳头上的两个鼻腭管开口处，左右侧各一穴。

（4）通关。舌体腹侧面，舌系带两旁的血管上，左右侧各一穴。

（5）承浆。下唇下缘正中，有毛与无毛交界处，一穴。

（6）颈脉。颈静脉沟上、中1/3交界处的血管上，左右侧各一穴。

（7）百会。腰荐十字部，即最后腰椎与第一荐椎棘突间的凹陷中，一穴。

（8）后海。肛门上、尾根下的凹陷中，一穴。

（9）尾尖。尾末端，一穴。

（10）肛脱。肛门两侧旁开2 cm，左右侧各一穴。

（11）脾俞。倒数第三肋间，髋骨翼上角水平线上的髂肋肌沟中，左右侧各一穴。

（12）抢风。肩关节后下方，三角肌后缘与臂三头肌长头、外头形成的凹陷中，左右肢各一穴。

（13）涌泉。前蹄叉前缘正中稍上方的凹陷中，每肢一穴。

（14）后蹄头。第三、第四指的蹄匣上缘正中，有毛与无毛交界处，每蹄内外侧各一穴。

3. 犬的常用穴位

（1）水沟。上唇唇沟上、中1/3交界处，一穴。

（2）山根。鼻背正中有毛与无毛交界处，一穴。

（3）耳尖。耳郭尖端背面的血管上，左右耳各一穴。

（4）大椎。第七颈椎与第一胸椎棘突间的凹陷中，一穴。

（5）身柱。第三、第四胸椎棘突间的凹陷中，一穴。

（6）悬枢。最后（第十三）胸椎与第一腰椎棘突间的凹陷中，一穴。

（7）脾俞。倒数第二肋间、距背中线6 cm的髂肋肌沟中，左右侧各一穴。

（8）百会。腰荐十字部，即最后（第七）腰椎与第一荐椎棘突间的凹陷中，一穴。

（9）中脘。胸骨后缘与脐的连线中点，一穴。

（10）后海。尾根与肛门间的凹陷中，一穴。

（11）尾本。尾部腹侧正中，距尾根部1 cm处的血管上，一穴。

（12）抢风。肩关节后方，三角肌后缘、臂三头肌长头和外头形成的凹陷中，左右肢各一穴。

（13）环跳。股骨大转子前方，髋关节前缘的凹陷中，左右侧各一穴。

（14）后三里。后肢小腿外侧上1/4处的胫骨、腓骨间隙内，左右肢各一穴。

实施时，先由指导教师示范在穴位处涂上广告颜料，然后由学生分组轮流进行定穴实践，要使每个学生都能掌握上述穴位的定穴方法。实训过程中，教师要随时加以指导，使学生尽快掌握定穴要领。

【分析讨论】

猪、牛、犬常用穴位的取穴认定方法有哪些？其常用穴位有什么分布规律？

【实训报告】

写出与填画猪的15个常用穴位、牛的15个常用穴位和犬的14个常用穴位。

实训二　针灸技术（1）

【技能目标】

初步掌握常用针具的使用方法及针刺要领。

【材料用具】

不同种类的实训动物各4头，保定栏具按实训动物配备，兽用针具4套，针槌4个，剪毛剪4把，镊子8把，酒精灯4盏，脱脂棉500 g，植物油250 mL，酒精棉球和碘酒棉球各4瓶，消毒药液、脸盆、毛巾等各1件，笔记本人手1本，技能单人手1份。

【内容方法】

（1）术前准备。妥善保定动物，认真检查针具，进行穴位剪毛。术者手指、针具和动物术部消毒。

（2）白针针法。针具为圆利针、毫针，也可用小宽针。圆利针和毫针的进针方法：右手拇指、食指夹持针柄，左手拇指、食指、中指持酒精棉球包裹针身，以针尖对准穴位，右手旋转针柄急刺。左手把持针身协同向刺入方向用力。针尖刺入皮下之后，两手再协同旋转加压，缓缓进针，直至"得气"或所要求的深度时留针，视需要刮拨或震动针柄，或捻转、提插，以增大刺激量。退针时，左手持酒精棉球包裹针身并按在穴位上，右手持针柄捻转抽出，随即消毒针孔。毫针还可作深刺和透穴用，但必须在特定穴位上按要求运用。

（3）火针针法。按针刺深度选择好火针，用脱脂棉将针尖和针身裹成枣核形状，浸入植物油中并迅速取出，稍待片刻，使油浸透脱脂棉后点燃，待火快熄灭时，针即烧透（或者在酒精灯上直接烧针，待针尖烧红即可）。轻轻搓动后甩掉燃烧的棉球，迅速刺入选定穴位。留针5 min，中间捻转醒针1次。退针时，以酒精棉球压住穴位，在捻转中迅速将针抽出。出针后以药膏封闭针眼。

火针穴位与白针的穴位基本相同，但在血管和四肢关节上不得使用火针。

（4）血针针法。持针方法可根据实际情况选用执笔式、拳握式、手代针锤持针法等。进针时，针刃必须与血管走向平行，以免切断血管。刺入要快速、准确，一次穿透皮肤和血管，做到针到血出。退针也要迅速，泻血量则可根据疾病性质、畜体强弱、季节地域、针穴部位等因素灵活决定。

本实训目的在于使学生掌握基本针法，指导教师应先示范，并随时进行指导。学生分组轮流进行前述三种针法的实训，做到持针、针法均无错误。

【分析讨论】
（1）谈谈个人对练习针法的体会。
（2）分析讨论几种常用针法的优缺点。

【实训报告】
（1）简述白针、火针、血针的针法。
（2）写出通关穴、蹄头穴的保定姿势和针法。

实训三　针灸技术（2）

【技能目标】
掌握艾灸、醋酒灸、水针的操作技能。

【材料用具】
不同种类的实训动物各4头，保定栏具按实训动物配备，艾灸条4根，艾柱20个，兽用电针治疗仪4台，兽用针具4套，剪毛剪4把，镊子8把，脱脂棉500 g，粗白布4 m，麻袋4个，陈醋3 kg，花椒0.5 kg，70%酒精或60°白酒4 kg，小木棒4根，纱布1 kg，细铁丝若干，小扫帚4把，封闭针头4支，20 mL注射器4支，5%葡萄糖注射液4瓶，酒精棉球和碘酒棉球各4瓶，消毒药液、脸盆、毛巾等各1件，笔记本人手1本，技能单人手1份。

【内容方法】
（1）艾灸。将牛、马保定于四柱栏内，将艾炷直接置于其百会穴上，将艾柱顶端点燃，待烧到接近底部时，再换一个艾炷。根据实际情况可采用无疤痕灸和有疤痕灸两种方法。

体侧部穴位用艾卷代替艾炷，可施温和灸、回旋灸和雀啄灸。

（2）醋酒灸。实训动物确实保定后，用温醋将其腰背部皮毛充分润湿，盖上一块用温醋浸过的粗白布，用注射器均匀而适量地洒上70%酒精（或60°白酒）后，点火燃烧。火大时用注射器加醋，火小则加酒，随时控制火势，至动物耳根、腋下汗出之后灭火，覆以麻袋保温，切不可使动物感受风寒。

（3）软烧法。动物在六柱栏内保定，健肢固定于栏柱侧。用小扫帚蘸醋椒液（醋与花椒比例为20∶1，共煮沸30 min），在患部周围上下大面积地涂搽，使被毛湿透。取预先制好的软烧棒（先用脱脂棉适量，缠绕木棒的一端头部，再用两层脱脂纱布缠盖于脱脂棉之上，形成纺锤状，外用细铁丝扎紧），蘸醋后用手攥干，用注射器洒上酒精，点燃。先用文火对动物患部缓慢燎烧，待其皮肤温度升高后，改用武火有节律地将火焰直线地甩于患部及其周围，软烧法每次30~40 min。软烧过程中要不断涂刷醋椒液，以防灼伤动物。

（4）水针疗法。确定穴位后（选抢风、前三里、肘俞、大胯、小胯、后三里等肌肉丰满部位的穴位），剪毛消毒。取18号针头按要求的深度进针，回血后再按治疗要求减量注入药液，注射宜慢。一般药液的用量，马、牛为每穴5~10 mL，猪、羊为每穴3~5 mL，犬为每穴1~2 mL（实训时药液采用5%葡萄糖注射液）。

【观察结果】
观察醋酒灸后的效果，并将结果填入病历。

【分析讨论】
（1）水针注射应注意哪些问题？谈谈你对水针疗法作用原理的看法。
（2）分析讨论醋酒灸的效果及操作注意事项。

【实训报告】
写出艾灸、水针、电针等疗法的操作过程和技术要领。

技能考核

【考核项目】
常用针灸穴位的识别，取穴、针刺方法等。

【考核方法】
在实训场地选择动物进行，学生独立完成操作后，教师做出评判。

【考核内容】
（1）猪：玉堂、鼻中、耳尖、中脘、后海、后三里、尾尖、太阳、百会穴的识别。
（2）牛：耳尖、山根、顺气、通关、颈脉、百会、后海、尾尖、肛脱、脾俞、抢风、涌泉穴的识别。
（3）圆利针的持针方法。
（4）水针牛的后海穴。
（5）水针猪的后三里穴。
（6）水针马或牛的大胯穴。
（7）牛的顺气穴针刺技能。

【评分标准】
能正确完成全部考核内容者评100分或优；能正确完成2/3考核内容者评85分或良；能正确完成1/2考核内容者评60分或及格；正确完成考核内容不足1/2者评为不及格。

项目五　辨证论治

任务一　四诊

【学习目标】

（1）基本掌握望诊、闻诊、问诊、切诊的操作技术。

（2）重点掌握察口色的基本技能。

（3）初步会用四诊方法诊断动物疾病。

中兽医诊察疾病的方法主要有望诊、闻诊、问诊、切诊四种，简称四诊。通过"望其形，闻其声，问其病，切其脉"，以掌握症状和病情，从而为判断和预防疾病提供依据。

一、望诊

望诊，就是运用视觉有目的地观察患病动物全身和局部的一切情况及其分泌物、排泄物的变化，以获得有关病情资料的一种诊断方法。

（一）望整体

1. 望精神

精神是动物生命活动的外在表现，主要从眼、耳及神态上进行观察。

动物精神正常则目光灵活，两耳灵活，人一接近马上就有反应，称为有神，一般为无病状态，即使有病，也属正气未衰，病情较轻。

（1）兴奋。烦躁不安，肉颤头摇，气促喘粗等。多见于心热风邪、黑汗风等。

（2）狂躁。狂奔乱走或转圈，向前猛冲，急吃骤停等。多见于脑黄、心黄、狂犬病等。

（3）沉郁。反应迟钝，耳耷头低，四肢倦怠，行动迟缓，离群独居，两眼半睁半闭等。多见于热证初期，脾虚泄泻，或中毒、中暑等。

（4）昏迷。意识模糊或消失，神昏似醉，反应失灵，卧地不起，眼不见物，瞳孔散大，四肢划动等。多见于重症、脑炎后期，或中毒病、产后瘫痪等。

2. 望形态

（1）形。是指动物体格的肥瘦强弱。健康动物发育正常，气血旺盛，皮毛光润，皮肤富有弹性，肌肉丰满，四肢轻健。

（2）态。是指动物的动作和姿态。正常情况下，猪性情活泼，鼻盘湿润，不时拱地，行走时不断摇尾，喂食时常应声而来，饱后多睡卧；牛常蜷肢侧卧，鼻镜上有汗珠，眯眼，两耳扇动，不时反刍；羊富于合群性，采食或休息时常喜聚在一起，休息时亦为侧卧等。

患病以后，不同的病症有不同的动态表现。

①痛证。起卧不安，拱背缩腰，回头顾腹，蹲腰踏地，后肢踢腹等。

②寒证。形体蜷缩，避寒就温，二便频繁，行走拘束，两肷颤抖等。

③热证。头低耳耷，口渴贪饮，避热就荫，张口掀鼻，呼吸喘促等。

④风证。痉挛抽搐，狂走乱奔；或牙关紧闭，尾紧耳直，四肢僵硬，角弓反张等。

3. 望皮毛

健康动物皮肤柔软而有弹性，被毛平顺而有光泽。若皮肤焦枯，被毛粗乱无光，换毛迟滞，多为气血不足；若皮肤紧缩，被毛逆立，见于风寒束肺；若被毛成片脱落，脱毛处结成痂皮，揩树擦桩，多见于疥癣。

（二）望局部

1. 望眼

若两目红肿，畏光流泪，眵盛难睁，多为肝热传眼；若一侧红肿，畏光流泪，常为外伤或摩擦所致；两目干涩，视物不清或夜盲者，多为肝血不足；眼睑浮肿，多为水肿；眼窝凹陷，多为津液耗伤；眼睑懒睁，头低耳耷，多为慢性疾病或重病；若瞳孔散大，多见于脱证、中毒或其他危证。

2. 望鼻和鼻镜

若鼻流清涕，多为外感风寒；鼻液黏稠，多系外感风热。若牛的鼻镜过湿，汗成片状或如水珠下滴，多为寒湿之证；若汗不成珠，时有时无，多为感冒或温热病的初期；若鼻镜干燥龟裂，触之冰冷似铁，多为重证危候。

3. 望口唇

蹇唇似笑（上唇揭举），多见于冷痛；下唇松弛不收，多为脾虚；嘴唇歪斜，多见于歪嘴风；口舌糜烂或口内生疮，多为心经积热。津液黏稠牵丝，唇内黏膜红黄而干者，多为脾胃积热；口流清涎，口色青白滑利者，多为脾胃虚寒。

4. 望反刍

反刍，俗称"倒嚼"。健康牛采食后0.5~1.5 h开始反刍，每次持续时间0.5~1 h，每个食团咀嚼40~60次，每昼夜反刍4~8次。患感冒、发热、宿草不转、百叶干等疾病时，可引起反刍减少或停止。若反刍逐渐恢复，则预后良好，若反刍一直停止，则预后不良。

5. 望呼吸

健康动物呼吸均匀，胸腹部随呼吸动作而稍有起伏，且每分钟的呼吸次数为：牛10~30次（水牛10~40次），猪10~20次，羊12~20次，犬10~30次。

呼吸缓慢而低微，或动则喘息者，多为虚证或寒证；气促喘急，呼吸粗大亢盛，多为实证或热证。呼吸时，腹部起伏明显，多见于胸部疼痛；若胸部起伏明显，多为腹部疼痛。

6. 望二便

胃肠有寒，则粪稀软带水，颜色淡黄；脾胃虚弱，则粪渣粗糙，完谷不化，稀软带水，稍有酸臭；胃肠湿热，则泻粪如浆，气味腥臭，色黄污秽，脓血混杂，或呈灰白色糊状；排粪少而干小，颜色较深，腹痛不安，则为结证。

排尿失禁，多为肾气虚；尿液短少、色深黄或赤黄且有臊味者，多为热证或实热证；尿液清长（色淡而多）且无异常气味者，多为寒证或虚寒证；若排尿赤涩淋痛，常见于膀胱积热、尿结等；久不排尿，或突然排不出尿，且见腹痛不安者，多为尿闭或尿结石；尿液色红带血，若先排血后排尿，多为尿道出血，先排尿而后尿中带血者，多属膀胱内伤。

（三）察口色

察口色，是指观察口腔各有关部位的色泽，以及舌苔、口津、舌形等变化，以诊断病症的方法。口色是气血的外荣，其变化反映了体内气血盛衰和脏腑虚实。

1. 察口色的部位

包括望唇、舌、口角、排齿（齿龈）和卧蚕（即舌下方，颌下腺开口处的舌下肉阜），其中以望舌为主。脏腑在口色上各有其相应部位，即舌色应心，唇色应脾，金关（左卧蚕）应肝，玉户（右卧蚕）应肺，排齿应肾，口角应三焦。

马、驴、骡主要看唇、舌、卧蚕和排齿。牛、羊主要看仰池（卧蚕周围的凹陷部）、舌底和口角。猪主要看舌。犬主要看颊部黏膜、牙床、上唇、舌及扁桃体。

2. 察口色的方法

察口色一般应在动物来诊稍事歇息，待动物平静后进行。检查时，可通过徒手打开口腔，或借助开口器或棍棒将口撬开进行观察。

3. 口色的变化及临诊意义

动物正常口色为舌质淡红，鲜明光润，舌体不肥不瘦，灵活自如，微有薄白苔，稀疏均匀，不滑不燥。有病口色也叫病色。有病时口色如下。

（1）舌色。

①白色：主虚、寒、失血。多为气血不足的表现。淡白为血虚，苍白是气血极度虚弱的反映，见于严重的虫积或内脏出血等。

②赤色：主热证。常见于热性感染性疾病。

③黄色：主湿证。多为肝、胆、脾的湿热引起。黄色鲜明如橘色者，为阳黄；黄色晦暗如烟熏色，为阴黄。

④青色：主寒，主痛，主风。见于外感风寒、脾胃虚寒、血滞、血不养筋等。

⑤黑色：主热极或寒极。黑而无津者为热极，黑而津多者为寒极，皆属危重病证。

（2）舌苔。

健康动物舌苔薄白或稍黄，稀疏分布，干湿适中。舌苔变化主要包括苔色和苔质两个方面。

①苔色。

白苔：主表证、寒证。苔白而润，表明津液未伤；苔白而燥，表明津液已伤；苔白而滑，表明寒湿内停。

黄苔：主里证、热证。淡黄苔而润者为表热；苔黄而干者，为里热耗伤津液；苔黄而焦裂者，多为热极。

灰黑苔：主热证、寒湿证。灰黑而润滑者多为阳虚寒甚；灰黑而干燥者多为热炽伤津。

②苔质。是指舌苔的有无、厚薄、润燥等。

舌苔从无到有，说明胃气渐复，病情好转；舌苔从有到无，说明胃气虚衰，预后不良。

苔薄，表示病邪较浅，病情轻，常见于外感表证；苔厚，表示病邪深重或内有积滞。

润燥：苔润表明津液未伤；苔滑多主水湿内停；舌苔干燥，表明津液已伤，多为热证伤津或久病阴液耗亏。

③口津。口津黏稠或干燥，多为燥热伤阴；口干，舌面有皱褶，则为阴虚津亏、脱水；口津多而清稀、滑利，多为寒证或水湿内停。口内湿滑、黏腻，口温高，则为湿热内盛；口内垂涎，多为脾胃阳虚、水湿过盛或口腔疾病。

④舌形。舌质纹理粗糙苍老，主实证、热证；舌质纹理细腻娇嫩，主虚证、寒证；舌淡白胖嫩，属脾肾阳虚；舌赤红肿胀，多属热毒亢盛；舌肿满口，板硬不灵，多为心火太盛，见于木舌症；舌淡绵软，伸缩无力，甚至拉出口外无力缩回，多为气血俱虚。

二、闻诊

闻诊是通过耳听、鼻嗅，以了解患病动物声音和气味变异的诊察方法。

（一）听声音

1. 呼叫声

叫声高亢，多属阳证、实证或病轻；叫声低微无力，多属阴证、虚证或病重；不时发出呻吟，并伴有空口咀嚼或磨牙者，多为疼痛或病重之证。

2. 呼吸声

呼吸气粗者，为实证、热证；气息微弱者，多见于内伤虚劳。呼吸时气息急促称为喘。喘气声长，张口掀鼻者，为实喘；喘息声低，气短而不能接续者，为虚喘。

3. 咳嗽声

咳嗽洪亮有力，多为实证，见于外感风寒或外感风热的初期；咳声低微无力，多为虚证，见于劳伤久咳；咳而有痰者为湿咳，见于肺寒或肺痨等。

4. 胃肠声

肠音响亮，甚至如雷鸣者，见于冷痛、冷肠泄泻等证；肠音稀少，短促微弱，多为胃肠滞塞不通，见于胃肠积滞便秘等；肠音完全消失，见于结证、肠变位的后期。

5. 咀嚼声

咀嚼缓慢小心，声音低，多为牙齿松动、疼痛、胃热等证；若口内无食物而磨牙，多为疼痛所致。

（二）嗅气味

1. 口腔气味

口气秽臭，口热，食欲废绝者，多为胃肠积热；口气酸臭，多为胃内积滞；口内腐臭，见于口舌生疮糜烂、牙根或齿槽脓肿等证。

2. 粪尿气味

粪便清稀，臭味不重，多属脾虚泄泻；粪便粗糙，气味酸臭者，多为伤食；粪便带血或夹杂黏液，泻下如浆，气味恶臭，多见于湿热证。尿液清长，无异常臭味，多属虚证、寒证；尿液短赤混浊，臊臭刺鼻，多为实证、热证。

三、问诊

问诊，是通过询问畜主或饲养管理人员以了解动物病情的诊断方法。主要询问动物的发病经过、疫情、诊疗情况、饲养管理及使役情况，以及既往病史和防疫情况。

四、切诊

切诊是依靠手指的感觉，在动物体的一定部位上进行切、按、触、叩，以获得有关病情资料的一种诊察方法。分为切脉和触诊两部分，这里主要阐述触诊。

触诊就是用手对动物体一定部位进行触摸按压，以探察疾病的一种诊断方法。

1. 触凉热

以手的感觉为标准，触摸动物体表有关部位的凉热，以判断其寒热虚实。

（1）口温。健康动物口腔温和而湿润。若口温低，口腔滑利，多为阳虚寒湿；口温低，口津干燥，多为气血虚弱；口温高，口津干燥，多为实热证。

（2）鼻温。用手掌遮于动物鼻头（或鼻镜下方），感觉鼻端和呼出气的温度。健康动物呼出气均匀和缓，鼻头温润。若鼻头热，呼出气亦热，多为热证；鼻冷气凉，多属寒证。

（3）耳温。健康动物耳根部较温，耳尖部较凉。若耳根、耳尖均热多属热证，相反则多属寒证；耳尖时冷时热者，为半表半里证。

（4）角温。健康牛、羊的角尖凉，角根温热，体温一般正常；如中指也感热，则体温偏高；食指也感热，则属发热。若角根冰凉，多属危证。

（5）体表和四肢温。健康动物体表和四肢不热不凉，温湿无汗。若体表和四肢有灼热感，乃属热证；皮温不整，多为外感风寒；体表和四肢温度低者，多为阳气不足；若四肢凉至腕（前肢）、跗（后肢）关节以上，称为四肢厥冷，为阳气衰微之征。

现在一般用体温计测定直肠温度，较为准确。动物的正常体温（直肠）是：牛37.5~39.5 ℃，猪、羊38.0~39.5 ℃，犬37.5~39.0 ℃。

2. 谷道（直肠）入手

主要用于马、牛等大型动物，包括直肠检查和按压破结，这既是诊察手法，又是治疗措施。如用于骨盆与腰椎骨折，肾与膀胱及子宫、卵巢等疾病的诊断。

【知识拓展】

切脉

1. 切脉的部位及方法

牛切尾动脉；猪、羊、犬等切股内动脉，如图5-1和图5-2所示。

诊脉时，应注意环境安静，待动物停立安静，呼吸平稳，气血调匀后再行切脉。医者也应使自己的呼吸保持稳定，全神贯注，仔细体会。每次诊脉时间一般不应少于

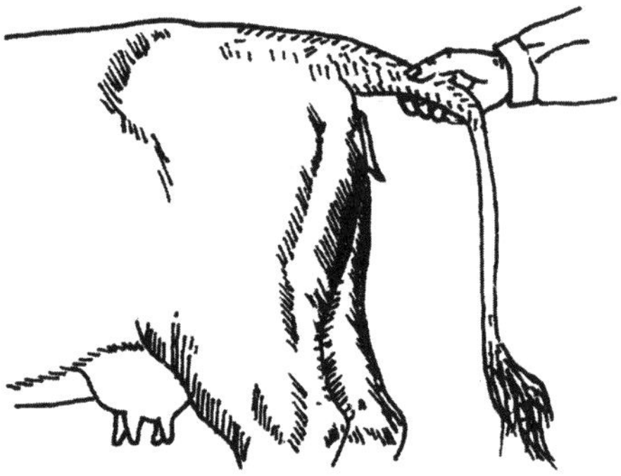

图5-1　牛的诊脉部位和方法

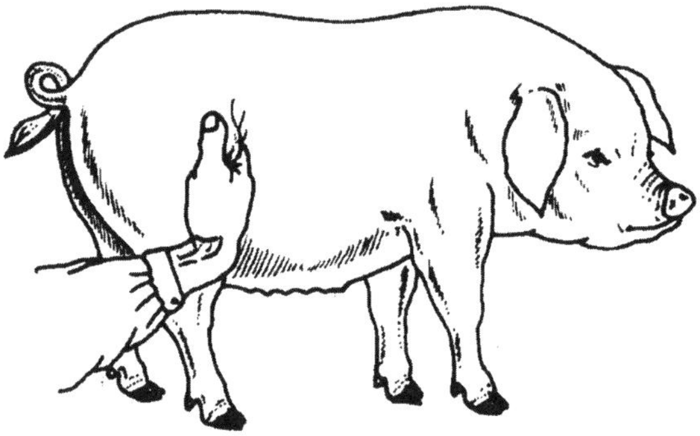

图5-2　猪的诊脉部位和方法

3 min。

切脉时常用三种指力，以对脉象做出一个完整的判断。如轻用力，按于皮肤，为浮取（举）；中度用力，按于肌肉，为中取（寻）；重用力，按于筋骨，为沉取（按）。

2.脉象

脉象是指脉搏应指的形象，包括部位、速率、强度、节律、流利度及波幅等。

（1）平脉。平脉即健康之脉。平脉不浮不沉，不快不慢，不大不小，节律均匀，连绵不断。前人总结为春弦、夏洪、秋毛（浮）、冬石（沉）。怀孕动物见滑脉，亦为正常现象。

正常动物脉搏至数，通常是以诊者一息（即一呼一吸）来计量的。如牛每息4次，每分钟40~60次；猪每息3次，每分钟60~80次；羊每息5次，每分钟70~80次；犬每息5~6次，每分钟70~120次。

（2）反脉。反脉即反常有病之脉。由于疾病复杂，脉象表现也相当复杂。

①浮脉与沉脉。是脉搏显现部位深浅的脉象。

浮脉。脉位较浅，轻按即得，重按反觉脉减，如触水中浮木。主表证。常见于外感初起。浮数为表热证，浮迟为表寒证，浮而有力为表实证，浮而无力为表虚证。

沉脉。脉位较深，轻取不应，重按始得，如触水中沉石。主里证。常见于脏腑病证。沉数为里热证，沉迟为里寒证，沉而有力为里实证，沉而无力为里虚证。

②迟脉与数脉。是脉搏快慢相反的两种脉象。

迟脉。脉搏减慢，牛少于每分钟40次，猪、羊少于每分钟60次者为迟脉。迟脉主寒证，迟而有力为实寒证，迟而无力为虚寒证，浮迟为表寒证，沉迟为里寒证。

数脉。脉来急促，牛、猪、羊超过每分钟80次者。主热证，数而有力为实热证，数而无力为虚热证，浮数为表热证，沉数为里热证。

③虚脉与实脉。是脉搏力量强弱相反的两种脉象。

虚脉。主虚证，浮取、中取、沉取时均感无力，按之虚软。多见于气血两虚。

实脉。主实证，浮取、中取、沉取时均感有力。多见于高热、便秘、气滞、血瘀等。

【职业能力测试】

一、判断题（正确的在括号里画"√"，错误的画"×"）

1."苔为胃之镜"，舌苔愈厚，说明胃气愈强。（ 　　 ）

2.牛的鼻镜少汗或无汗为病态。（ 　　 ）

3.病情重而食欲尚好者，一般预后较好。（ 　　 ）

4.粪便清稀，臭味不重，多属脾虚泄泻。（ 　　 ）

5.尿频数而清白者，多见于肾阳虚。（ 　　 ）

6.察口色时，排齿偏红，多表示肝胆有热。（ 　　 ）

二、填空题

1.察口色时白色主＿＿＿＿，红色主＿＿＿＿，青色主＿＿＿＿，黄色主＿＿＿＿。

2.舌苔从无到有，说明＿＿＿＿＿，病情好转。

3.白苔主＿＿＿＿＿，黄苔主＿＿＿＿＿＿，灰黑苔主＿＿＿＿＿＿＿。

三、单项选择题

1.察（ 　　 ）口色时，主要看仰池。

A.马 　　　　　　　　 B.牛 　　　　　　　　 C.猪 　　　　　　　　 D.犬

2.粪便夹杂黏液，泻下如浆，气味恶臭，多见于（ 　　 ）。

A.脾虚泄泻 　　　　 B.伤食 　　　　 C.湿热证 　　　　 D.便秘

3.口色发青者，其主证多为（ 　　 ）。

A.寒证 　　　　　　 B.虚证 　　　　 C.湿证 　　　　 D.热证

4.口舌糜烂、生疮，最有可能是（ 　　 ）。

A.心经有热 　　　 B.肝火上炎 　　　 C.脾胃虚寒 　　　 D.肺阴虚

5.病畜头低耳耷，口渴贪饮，呼吸喘促，多见于（ 　　 ）。

A.痛证 　　　　　　 B.寒证 　　　　 C.风证 　　　　 D.热证

四、简答题

1.胃肠湿热、结证分别有哪些排便异常？

2.察口色的部位和内容包括哪些？

技能训练

实训一　问诊与望诊

【技能目标】

（1）掌握问诊与望诊的基本操作技能。

（2）掌握察牛口色的部位和方法。

【材料用具】

患病动物4头或实训动物4头，动物保定栏4个，保定绳索4套，听诊器4具，体温计4

支，工作服每人1件，病历表4份。消毒药液及洗涤用具4份，笔记本人手1本，技能单人手1份。

【内容方法】

1. 问诊

首先应问一般情况，如畜主姓名、住址、年龄等。在认真听取主诉的基础上，进一步询问发病经过、现在病状、既往病史、饲养管理、生产使役、防疫情况及诊疗情况等。

问诊时应做到恰当准确，简要无遗。诊者对畜主的态度要和蔼诚挚，语言要通俗易懂，抓住畜主陈述的主要问题，从整体着眼，边询问边分析。

2. 望诊

应先望整体，后看局部，依次进行。对于前来就诊的患病动物，应让其先休息片刻，待其体态自然后，诊者在距动物数步远的地方，围绕其前后左右进行审视。如果需要可请畜主牵行动物做前行后退、左向和右向转圈（根据问诊获得的情况有侧重的望诊）。详细记录观察到的动物异常情况并进行分析。察口色时应注意观察口腔，特别是舌的色泽、舌苔、口津、舌形等四个方面的变化。

如牛的望诊应一手握住鼻环或鼻攥，一手食指和中指从牛的口角伸进口腔，在感知其温凉润燥后，将其上下腭轻轻撑开。如果口紧难以撑开的，则可将手掌从牛的舌下插入，并横向竖起，把舌体推向口内，即可将口打开。注意观察其口角、舌体、草刺等的变化。

察口色时应做到：

①打开患病动物口腔的动作应尽可能轻柔，牵拉舌体的时间不宜过久，以免引起颜色的改变。

②应在充足而柔和的自然光线下观察。

③养成按一定顺序进行观察的习惯，一般先看舌苔，次看舌质，再看卧蚕，无论看到何处，都要注意其色泽、润燥。

④注意排除各种物理的、化学的因素，如过冷过热的饮水饲料，带色药物等对口色、苔色的影响。

⑤注意季节、年龄、体质等因素对口色的影响。

【实训报告】

整理问诊和望诊所得资料，详细记入病历，并分别就各个病例和实训动物的口色及其主病做出分析。

实训二　闻诊与触诊

【技能目标】

（1）进一步明确闻诊和触诊的要领。

（2）初步掌握闻诊和触诊的基本操作技能。

【材料用具】

同实训一。

【内容方法】

（一）闻诊

1. 听声音

在安静环境中，听取患畜的叫声、呼吸音、咳嗽声、喘息声、呻吟声、肠鸣声、嗳气声、磨牙声以及运步时的蹄声等。

2. 嗅气味

结合局部望诊，对患畜的口气、鼻气、粪便、尿液、体气以及痰涕、脓汁等气味进行认真的区别。

闻诊时，周围环境一定要保持安静，听内脏器官运动音时，可借助听诊器（布）。嗅气味时，要靠近病变部位，或用棉签蘸取分泌物或排泄物，或用手掌扇动着去嗅取。

（二）触诊

触按：应仔细而有重点地触按官窍、肌肤、胸腹等部位，以判别口腔、鼻端或鼻镜、耳角、体表和四肢的寒热润燥；有无肿胀，以及肿胀的寒热、软硬、大小；咽喉和槽口有无异常变化；左侧肘后心区胸壁震动的强度和频率有无异常；腹部特别是欣部的寒热、软硬、胀满、肿块、压痛等情况；腧穴所在部位有无敏感反应等。

触按的手法，可以分为触、摸、按三种。操作时，要求手法轻巧，综合运用。

【分析讨论】

（1）结合所观察的病例，列出其主要临床症状。

（2）四诊各有什么诊断意义？为什么要四诊合参？

【实训报告】

整理闻诊和触诊所得资料，详细记入病历，并分别就各个病例和实训动物的脉象及其主病，做出分析。

技能考核

【技能项目】

问诊、望诊。

【考核要点】

问诊语言准确，方法恰当，并能做出初步的分析判断；望诊从整体到局部都能有次序地进行，并能识别正常与异常的口色。

【考核方法】

在动物医院或实训场地选择典型病例，现场进行。学生独立完成操作后，教师做出评判。

【评分标准】

能正确完成全部考核内容者评100分或优；能正确完成2/3的考核内容者评85分或良；能正确完成1/2考核内容者评60分或及格；正确完成考核内容不足1/2者评为不及格。

任务二　辨证

【学习目标】

（1）进一步理解证、症、病的概念及关系。

（2）初步掌握八纲辨证、脏腑辨证、卫气营血辨证的基本方法。

（3）熟悉常见病证的主症及治法。

辨证是中兽医认识和分析疾病的方法，明确疾病的证型，为下一步论治奠定基础。中兽医的辨证方法主要包括八纲辨证、脏腑辨证、卫气营血辨证等。

一、八纲辨证

八纲辨证就是将经四诊所获得的各种病情资料进行分析综合，归纳为八类症候类型。

（一）表证与里证

表里是辨别疾病的病位及病势进退的两个纲领。

1. 表证

病因：外感表邪侵犯肌表。

主症：发热，恶寒，舌苔薄白，脉浮等。常伴有肢体疼痛、咳嗽、流鼻涕等症。

治法：根据表证的寒热虚实，分别采用辛温解表法、辛凉解表法和扶正解表法等。

2. 里证

病因：表邪内传入里，外邪直接侵犯脏腑，饥饱劳役及情志因素导致的脏腑功能失调。

主症：里证的症候依病邪所侵犯脏腑而异。

治法：依病邪所侵犯脏腑，分别采用温、清、补、消、泻诸法。

病例一　感冒

感冒是由外邪伤及肺卫引起的以发热恶寒、咳嗽流涕、脉浮等为特征的疾病，常称为"伤风"。四季均可发生，但以冬春气候骤变、冷热变化剧烈时更为常见。

病因病机：多因气候骤变，冷热失常或机体素虚，卫外不固，外邪乘虚而入，引发本病。

辨证施治：本病由于感邪有风寒、风热的不同，因此一般常见有风寒、风热两种。

1. 风寒感冒

主症：症见恶寒重，发热轻，无汗，耳鼻发凉，拱背毛乍，皮温不均，鼻流清涕，口色淡白，舌苔薄白，脉浮紧等。

治法：辛温解表，疏风散寒。

方例：荆防败毒散加减。

针治：猪可取山根、鼻中、耳尖、尾尖等穴；牛可取通关、山根、耳尖、肺俞等穴。

2. 风热感冒

主症：症见发热重，恶寒轻，汗出或无汗，口渴喜饮，气促喘粗，鼻涕黏稠，口色偏红，舌苔黄白，粪干尿赤，脉象浮数。

治法：辛凉解表，疏风清热。

方例：银翘散加减。

针治：猪可取山根、鼻中、耳尖、蹄叉、尾尖等穴。

病例二　瘤胃鼓胀

瘤胃鼓胀是瘤胃内积聚大量的气体，致使瘤胃容积增大，胃壁扩张，并呈现反刍和嗳气障碍的一种疾病。兽医学称为瘤胃臌气，多发生于牛和羊。

病因病机：本病多由饮喂失调、脾胃虚弱或其他疾病继发所致。

辨证施治：根据临床特征，可分为实胀与虚胀两种。

1. 实胀

常在放牧时或采食大量易发酵饲料后突然发生。

主症：肚腹迅速鼓胀，尤以左侧肷窝部明显，按压紧张，叩之如鼓，肚腹胀痛，食欲反刍停止，呼吸急促，四肢张开，站立不安，回头顾腹，不断流涎；严重者呼吸极度困难，肌肉颤抖，步态蹒跚，伸舌吭叫，血脉怒张，眼球突出，肛门外翻，口色青紫，脉象结代。

治法：排气消胀。

方例：多用枳实、厚朴、莱菔子、青皮、木香、乌药、白术、六曲、山楂、大黄、芒硝等治之。

针治：病情危急时，可先在肷俞穴穿刺放气，或用一根直径3~4 cm、长约30 cm的臭椿树枝或其他圆木棒，横衔在病畜口中，两端固定于角根，促使其排气。

2. 虚胀

主症：病势缓慢，病程较长，时胀时消，反复发作，食欲、反刍减少，常在食后胀气，数小时后可自消；逐渐消瘦，口色淡白，脉象沉细；严重者可致衰竭而死。

治法：宜补脾健胃，顺气消胀。多用党参、白术、槟榔、枳壳、厚朴、醋香附、木香、青皮、陈皮等治之。

针治：病势危急可针肷俞穴放气，病势缓和可针灸脾俞、顺气、后三里、关元俞等穴。

（二）寒证与热证

寒热是辨别疾病性质的一对纲领。

1. 寒证

由阴盛所致者称为实寒证，由阳衰形成的称为虚寒证。

病因：外感风寒，或内伤阴冷，或内伤久病，阳气耗伤所致。

主症：恶寒喜暖，鼻、耳、四肢冷，尿清长，粪稀，口色白或青，舌苔白，脉迟紧等。

治法：温法或补法。根据病情，或辛温解表，或温中散寒，或温肾壮阳。

2. 热证

外感火热之邪所致的热证为实热证，由阴虚形成的热证为虚热证。

病因：外感风热，或伤火毒，或久病伤阴。

主症：恶热喜寒，贪饮、身热或耳鼻四肢温热，粪干或泻痢腥臭，尿短赤，口津少或干黏，口色红，舌苔黄，脉数等。

治法：清法或补法。根据病情，或辛凉解表，或清热泻火，或滋阴清热。

病例一　产后发热

产后发热是动物产后出现发热的一种疾病。

病因病机：产后阴血骤虚，阳易浮散；产后气血亏虚，腠理不实，营卫不固，外邪乘虚而入，产生各种疾病而导致发热。

辨证施治：在治疗时，因产后虚多实少，既不宜过于发表攻里，又不可强调甘温除大热，应以调气血，和营卫为主。

1. 血虚发热

主症：精神倦怠，食欲不振，低热不退，自汗或盗汗，粪干尿黄，舌质淡红，无苔，脉细数。

治法：补益气血，养阴清热。

方例：多用党参、黄芪、当归、白芍、地骨皮、知母、青蒿、鳖甲、丹皮等治之。

2. 胞宫热毒

主症：发热，甚至高热不退，精神沉郁，食欲废绝，恶露量多而秽臭，色如败酱，粪便秘结，尿少色黄，舌红苔黄，脉数。

治法：宜清热解毒，凉血化瘀。

方例：多用金银花、连翘、蒲公英、生地、丹皮、赤芍、当归、益母草、车前子等治之。

3. 外感发热

主症：产后不久，发热恶寒，鼻流清涕，咳嗽，精神不振，食欲减退，口色淡白或青白，苔薄白，脉浮数。

治法：养血疏风，调和营卫。

方例：多用当归、生地、芍药、川芎、防风、荆芥、苏梗、益母草、甘草等治之。

（三）虚证与实证

虚实是辨别邪正盛衰的两个纲领。

1. 虚证

病因：饲养管理不当，如饮喂不足，劳役过度等，或久病之后，或病中失治、误治等。

主症：口色淡白，舌质如绵，无舌苔，脉虚无力，头低耳耷，体瘦毛焦，四肢无力等。

治法：补法。根据气血阴阳，分别采用补气、补血、滋阴和助阳。

2. 实证

病因：感受外邪，或脏腑功能失调。

主症：实证的具体症状表现因病位和病情的不同，有很大差异。常见高热、烦躁、喘息气粗，腹胀疼痛，拒按，大便秘结，小便短少或淋漓不通，舌红苔厚，脉实有力等。

治法：根据实邪的种类分别采用泻下、消导、化痰、清热、祛瘀等法。

病例二　宿草不转

为过多草料积滞胃内，无力运化之证，西兽医称瘤胃积食。是牛、羊的常见病之一。

病因病机：本病多因饲养管理不当，过食、劳役过度，或燥热伤津、机体素虚等所致。

辨证施治如下。

1. 宿草停滞

主症：发病急，精神不振，头低耳耷，食欲、反刍停止，肚腹膨大，尤以左肷突出，按压坚硬或有压痕，嗳气酸臭，四肢张开，立多卧少，回头顾腹，气促喘粗，口色赤红或青紫，津液黏稠，鼻镜干燥，脉沉涩。

治法：消积导滞，攻下通便。

方例：多用大戟、芫花、二丑、大黄、芒硝、厚朴、山楂、六神曲、香附等治之。

2. 脾虚积食

主症：多见于消瘦、脾胃素虚的病牛。发病较缓，病势较轻，但易反复发作。左腹胀满，指压留痕，拱背呆立，神疲乏力，颤抖，粪干或间有拉稀，口干，色稍红，脉象细数。

治法：补脾健胃，消积导滞。

方例：多用白术、陈皮、厚朴、枳壳、木香、六神曲等治之。

（四）阴证与阳证

阴阳是概括疾病类别的一对纲领。一切疾病均可分为阴证和阳证。阴阳是八纲的总纲，将表证、热证、实证归纳为阳证，将里证、寒证、虚证归纳为阴证。

二、脏腑辨证

脏腑辨证是根据脏腑的生理功能的变化，对疾病症候进行分析归纳，借以探究病因病机，判断病位、病性和正邪盛衰等状况的一种辨证方法。

（一）心与小肠常见病证

1. 心热内盛（心火亢盛）

病因：多因暑热炎天，管理不当，致使热邪积于胸中，或六淫内郁化热所致。

主症：高热，大汗，气促喘粗，精神沉郁，粪干尿少，口渴舌红，脉洪数。

治法：清心泻火，养阴安神。多用石膏、知母、黄芩、黄连、天花粉、栀子等治之。

2. 小肠中寒

病因：多因外感寒邪或内伤阴冷所致。

主症：腹痛起卧，肠鸣，粪便稀薄，口内湿滑，口流清涎，口色青白，脉沉迟。

治法：温阳散寒，行气止痛。

病例一　口舌生疮

口舌生疮是心脾积热上攻口舌，造成口舌肿胀或破溃的一种疾病。

病因病机如下。

1. 心经积热

暑热炎天，劳役过重，心经积热，上注口舌，致舌体溃烂成疮。

2. 胃火熏蒸

久渴失饮，饲草霉败，或趁热吃热草、热料等，使邪热积于胃腑，胃火熏蒸，导致口唇腐烂成疮。

3. 异物刺激

饲料中混有木刺、铁丝等刺伤口舌；齿病或误食刺激性药品等，也可导致本病。

辨证施治如下。

1. 心经积热型

主症：病初神倦，唇舌红赤，口内流涎。继则唇舌肿胀溃烂，口臭，流带血黏液，采食吞咽困难，口色赤红，粪干或秘结，尿短赤，脉象洪数。

治法：清心解毒。

方例：多用黄连、黄芩、栀子、大黄、木通、连翘等治之。

2. 胃火熏蒸型

主症：口流涎沫，口温高，口臭，粪便干燥，唇颊、牙龈肿胀或有烂斑，舌面有绿豆大灰白色小泡或溃疡面，口色红，脉象洪数。

治法：治宜清胃火，解热毒。

方例：多用石膏、知母、栀子、大黄、麦冬、甘草等治之。

3. 异物刺激型

主症：突然发病，流涎，口内有伤或有异物。口温高，或呈弥漫性红肿。

治法：除去异物，冲洗口腔，清热解毒。

方例：用2%~3%的食盐水或明矾水冲洗口腔，撒上冰硼散或青黛散，或涂以碘甘油。肿胀严重者可服黄连解毒汤（见清热方）加减。

<h3 style="text-align:center">病例二　肠黄</h3>

肠黄是热毒积于肠间，引起发热，泄泻，腹痛为主的疾病。

病因病机：暑月炎天，负重过度，奔走太急，感受暑湿之邪；或乘饥食谷料过多，或饲料霉变，饮水不洁，致使热毒积于肠内，脏腑壅热，升降失常，清浊不分，酿成其患。

辨证施治如下。

1. 急肠黄

主症：发热神倦，食欲、反刍停止，荡泻腥臭或有脓血，喜饮冷水，口色红紫带黄，口臭，脉洪数。

治法：清热解毒，消黄止痛。

方例：多用黄连、黄芩、栀子、郁金、木香、甘草等治之。

2. 慢肠黄

主症：由急肠黄转变而来。患畜神差，毛焦欣吊，轻者腹微痛，水草减少，粪便稀薄。重者不时起卧，泻粪如水或有少量粪渣，颜色棕黑，气味腥臭。

治法：清热解毒，行气健脾。

方例：多用黄连、栀子、郁金、焦三仙等治之。

（二）肝与胆常见病证

1. 肝火上炎

病因：多由外感风热或肝气郁结而化火所致。

主症：眼目红肿，畏光流泪，睛生翳膜，视力障碍，口色鲜红，脉象洪数等。

治法：清肝泻火，明目退翳。

2. 肝胆湿热

病因：多因感受湿热之邪，或脾胃运化失常，湿邪内生，郁而化热所致。

主症：黄疸鲜明如橘色，尿短赤、浑浊。母畜带下，外阴瘙痒；公畜睾丸肿胀热痛，阴囊湿疹，舌苔黄腻，脉弦数。

治法：清肝胆，利湿热。

<h3 style="text-align:center">病例　肝经风热</h3>

肝经风热是指风热之邪侵犯肝经而引起眼睛的睑结膜和球结膜的急性炎症，兽医学称结膜炎。

病因病机：多因暑热炎天，长途运输，或厩舍闷热，风热内侵；或外感风热，入内化火等所致。

辨证施治如下。

主症：发病急，两眼同时或先后发病。眼睑翻肿，畏光流泪，眦肉瘀红，眵盛难睁，口色红，脉弦数。

治法：清肝明目，疏风消肿。

方例：多用防风、荆芥、黄连、黄芩、煅石决明、草决明、青葙子、龙胆、蝉蜕、没药、甘草等治之。

（三）脾与胃常见病证

1. 脾气虚

病因：多因素体虚弱，或饲养失调，或泄泻过甚，或其他慢性疾患，导致脾气虚弱。

主症：脾虚健运失常者，食欲减少，体瘦毛焦，倦怠无力，粪稀带渣，尿少而清，肠鸣，肚胀或肢体浮肿，舌淡苔白，脉缓而弱；牛则反刍减少或停止。脾气下陷者，兼见久泻不止，脱肛，子宫脱或阴道脱，排尿淋漓难尽等证。脾不统血者，兼见各种慢性出血，如便血、尿血或皮下出血等，以及血色淡红，口色淡白或苍白，脉象细弱等证。

治法：脾虚不运，宜健脾和胃；脾气下陷，宜补气升阳；脾不统血，宜益气摄血。

2. 脾阳虚

病因：脾阳虚又称脾胃虚寒，多由脾气虚发展而来，损伤脾阳所致。

主症：形寒怕冷，耳鼻四肢不温，食少腹胀，慢性腹痛，肠鸣泄泻，甚者久泻不止，食欲大减或废绝，口垂清涎，口色青白，脉象沉迟无力等。

治法：温中健脾。

3. 寒湿困脾

病因：多因外感寒湿，内伤阴冷，寒湿停于中焦，困遏脾阳所致。

主症：神疲倦怠，头低耳耷，四肢沉重，食欲不振，腹胀粪稀，排尿不利，或见浮肿，口内黏滑或流清涎，口色青白，舌苔厚腻，脉象细迟。

治法：温中化湿。

4. 胃热（胃火）

病因：多因外感邪热犯胃，或外邪传内化热，或急性高热病中热邪波及胃脘等所致。

主症：耳鼻温热，食欲减少，粪球干小，尿少色黄，口干舌燥，渴而多饮，牙龈肿胀，口腔腐臭，口色鲜红，舌苔黄厚，脉象洪数或滑数。

治法：清热泻火，止渴生津。

5. 胃寒

病因：多由外感风寒，或饮喂失调，如过食冰冻草料、暴饮冷水等。

主症：形寒怕冷，耳鼻发凉，食欲减少，口腔滑利或口垂青涎，粪稀尿清，口色淡或青白，舌苔白润，脉象沉迟。

治法：温胃散寒。

6. 胃食滞

病因：多因暴饮暴食，或采食粗硬草料，宿食停滞胃脘所致。

主症：不食，肚腹胀满，嗳气酸臭，腹痛起卧，粪干或泄泻，排粪酸臭，口色深红而燥，苔厚腻，脉象滑实。

治法：消食导滞。

病例一　慢草与不食

慢草，即草料迟细，食欲减退；不食，即食欲废绝。慢草与不食是多种疾病的症状之一，此处所讲的慢草与不食，主要是指脾胃机能失常而引起的以消化不良、食欲减退或废绝为特征的一类病证。

病因病机如下。

1. 内伤阴冷

多因外感风寒，夜露风霜，久卧湿地，使阴寒传于脾经，或由于过饮冷水，采食冰冻草料等，寒邪直中胃腑，或脾胃受寒，阴盛阳衰，脾冷不能运化，胃寒不能受纳，故发生此病。

2. 热积于胃

多因劳役过度，奔走过急，饮水不足，或乘饥饲喂谷料过多，饲后立即使役，或暑热炎天，放牧使役不当，热气入胃，或因饲养太盛，谷料过多，胃失腐熟，聚而生热，或热伤胃津，受纳失职，遂成此病。

3. 脾胃虚弱

多因劳役过度，耗伤气血，或老弱体虚，久病失治，或饲养不当，草料质劣，缺乏营养，或时饥时饱，劳役不均，损伤脾胃，这些均能造成脾阳不振，胃气衰弱，运化、受纳功能失常，导致草慢或不食。

4. 草料积滞

多因偷吃谷料过多，或突然饲喂精料过甚，或突然更换草料，食之过饱，损伤脾胃，致使腐熟运化功能失常而成此病。

辨证施治：由于致病原因不同，动物体质强弱各异，可出现各种不同的证候类型。临证所见主要有胃寒、胃热、脾虚、食滞四种。

1. 胃寒

主症：毛焦欣吊，食欲减少，头低耳耷，鼻寒耳冷，粪稀，尿清长，口色青白，口津滑利，脉象沉迟等。

治法：温中散寒。

方例：多用党参、干姜、桂心、良姜、吴茱萸等治之。

针治：针脾俞穴、后三里穴，猪还可针三脘穴；电针可取脾俞、胃俞、大肠俞等穴；也可火针脾俞穴。

2. 胃热

主症：精神不振，食欲减退，口臭，喜饮冷水，粪便干燥，尿液短赤，鼻镜干燥，口色赤红少津，舌苔黄，口温稍高，脉象洪数。猪多见胃火上逆而发生呕吐。

治法：清热开胃。

方例：多用大黄、六神曲、陈皮、甘草等治之。

针治：针刺放玉堂穴血、通关穴血。

3. 脾虚

主症：精神倦怠，毛焦欣吊，水草迟细，反刍减少，四肢无力，日渐羸瘦，粪便粗糙，口色淡白，舌质如绵，脉象沉细；严重者，肠鸣泄泻，四肢浮肿，双唇不收，难起难卧。

治法：补中益气。

方例：多用党参、白术、黄芪、陈皮、甘草等治之。

4. 食滞

主症：精神倦怠，厌食，肚腹饱满；粪便粗糙或稀软，粪味酸臭有时完谷不化；口色偏红，舌苔厚腻，口臭，脉象沉而有力。

治法：消食导滞。

方例：多用青皮、陈皮、厚朴、枳实、山楂、六神曲等治之。

针治：针后海、玉堂、脾俞等穴。

病例二　泄泻

泄泻俗称拉稀，是指排粪次数增多，粪便稀薄，甚至泻粪如水的一类证候。

病因病机：本病多由饲养管理不良，寒湿与湿热内侵或劳役过度、饮喂失节等所致。寄生虫、瘟疫及其他病证，也可引起本证。

辨证施治如下。

1. 湿热泄泻

主症：泻粪稀薄腥臭黏腻，发热，口渴多饮，时有轻微腹痛，蜷腰卧地，尿短赤，口色赤红，舌苔黄厚，口臭，脉象沉数。

治法：清热解毒，燥湿止泻。

方例：郁金散等加减。

针治：针带脉、尾本、后三里、后海、大肠俞等穴。

2. 寒湿泄泻

主症：泻粪如水，或带白沫，遇寒泻剧，遇暖则缓，肠鸣如雷，耳鼻俱冷，口津滑利，舌苔白腻，口色青白或青黄，脉象沉迟。重者肛门失禁。

治法：温中散寒，利湿止泻。

方例：用猪苓、白术、桂枝、厚朴、陈皮、甘草等治之。

针治：针后海、后三里、百会等穴。

3. 脾虚泄泻

主症：病势缓，病期长，症见毛焦体瘦，精神倦怠，四肢无力，粪稀不成形，草渣粗大或完谷不化，重则肛弛粪淌，口色淡白或青黄，舌绵无力，苔白，脉沉细。

治法：补中益气，健脾运湿。

方例：补中益气汤加减。

针治：针百会、脾俞、关元俞等穴。

4.伤食泄泻

主症：多发生于猪、犬、猫等牲畜。症见食呆腹满，泄粪酸臭，粪便中带有未消化的食物，微有腹痛，泻后痛减。牛则出现反刍停止，嗳气酸臭，口色红，舌苔厚腻，脉象滑数。

治法：消食导滞，和胃健脾。

方例：保和丸等治之。

针治：针蹄头、脾俞、后三里、关元俞等穴。

5.肾虚泄泻

主症：头低耳耷，毛焦欣吊，腰胯无力，四肢厥逆，久泻不愈，夜间泻重，严重时肛门失禁，腹下或后肢水肿，口色如绵，脉象徐缓。

治法：补肾壮阳，健脾固涩。

方例：四君子汤加减。

针治：针后海、后三里、脾俞、百会、尾根等穴。

（四）肺与大肠常见病证

1.风寒束肺

病因：多因风寒之邪侵袭肺脏，肺气闭郁而不得宣降所致。见于感冒、急性支气管炎等。

主症：咳嗽，气喘，发热轻而恶寒重，鼻流清涕，口色青白，舌苔薄白，脉浮紧。

治法：宣肺散寒，祛痰止咳。

2.风热犯肺

病因：多因外感风热之邪，致肺失气宣降所致。见于风热感冒、咽喉炎、急性支气管炎等病程中。

主症：咳嗽，鼻流黄涕，咽喉肿痛，耳鼻温热，身热，口干贪饮，口色偏红，舌苔薄白或黄白相间，脉浮数。

治法：疏风散热，宣通肺气。

3.肺热咳喘（肺实热）

病因：多因外感风热，导致肺气宣降失常。见于咽喉炎、急性支气管炎、肺炎等病。

主症：耳鼻、四肢、呼吸俱热，咳声洪亮，气喘息粗，呼吸浅快，口渴贪饮，鼻液黄黏腥臭，粪干尿赤，口色红燥，苔黄燥，脉洪数。

治法：清肺化痰，止咳平喘。

4.大肠燥结（食积大肠）

病因：多因过饥暴食，或草料突换，或久渴失饮，草料结滞所致。见于结症。

主症：粪便不通，肚腹胀满，回头顾腹，不时起卧，口内酸臭，食欲废绝，口色赤红，舌苔黄厚，脉象沉而有力。

治法：攻下通便，行气止痛。

5.大肠湿热

病因：外感暑热或疫疠之气所致。

主症：发热，腹痛起卧，泻痢腥臭甚至脓血混杂，排粪不畅，尿液短赤，口舌干燥，口色红黄或赤紫，舌苔黄腻或干黄，脉象滑数。

治法：清热利湿，调和气机。

病例一　咳嗽

咳嗽是指肺失宣降，呼吸不畅，痰涎异物壅滞于肺或喉管而发生的病证。咳嗽也是肺经疾病的主要症候之一。

病因病机：多因风寒、风热等外邪经呼吸道或肌表侵入动物体，致使肺气不宣，肃降失常，或日久不愈转为肺火而引起的外感咳嗽。内伤咳嗽以肺虚咳嗽最为多见。

辨证施治：咳嗽的辨证，首先应分辨外感与内伤。外感咳嗽多是新发病，常伴有外感症状；内伤咳嗽起病缓慢，往往有较长的咳嗽史和脏腑失调的症候。

1.风寒咳嗽

主症：患病动物畏寒，被毛逆立，耳鼻俱凉，鼻流清涕，无汗，湿咳声低，遇暖则轻，遇寒加重，口色青白，苔薄而润，脉象浮紧。

治法：疏风散寒，宣肺止咳。

方例：荆防败毒散或止咳散加减。

针治：针肺俞、苏气、山根、耳尖、尾尖、大椎等穴。

2.风热咳嗽

主症：体表发热，咳嗽不爽，声音宏大，呼出气热，口渴喜饮，舌苔薄黄，口红津少，脉象浮数。

治法：疏风清热，宣肺止咳。

方例：银翘散或桑菊饮加减。痰稠者加瓜蒌、贝母；热盛者加知母、黄芩、生石膏。

针治：针玉堂、通关、苏气、山根、尾尖、大椎、耳尖等穴。

3.肺火咳嗽

主症：倦怠，饮食减少，口渴喜饮，大便干燥，小便短赤，干咳痛苦，鼻流黏涕或脓涕，或气喘，口色红燥，脉象洪数。

治法：清肺化火，止咳化痰。

方例：清肺散加减。

针治：针胸膛、颈脉、苏气、百会等穴。

4.肺气虚咳嗽

主症：毛焦欣吊，倦怠，动则出汗，久咳不已，咳声低微，鼻流黏涕，食欲减退，消瘦，形寒气短，口色淡白，舌质绵软，脉象细迟。

治法：益气补肺，化痰止咳。

方例：四君子汤合止咳散加减。脾虚痰盛者加二陈汤、干姜等。

针治：针肺俞、脾俞、百会等穴。

5.肺阴虚咳嗽

主症：频频干咳，痰少津干，低烧不退，舌红少苔，脉细数。

治法：滋阴生津，润肺止咳。

方例：百合固金汤加减。

针治：针肺俞、脾俞、百会等穴。

病例二　喘证

喘证是肺气升降失常，呈现以呼吸喘促，肷肋扇动为特征的症候。多见于急性支气管炎、肺炎、肺充血、肺水肿等。

病因病机：实喘包括热喘和寒喘，多因外感寒热所致。虚喘包括肺虚喘和肾虚喘，多因长期劳役或饲养管理不当所致。

辨证施治如下。

1. 热喘

主症：呼吸喘促，呼出热气，肷肋扇动，精神沉郁，头低耳耷，口渴喜饮，大便干燥，小便短赤，体温升高，间或咳嗽或流黄黏鼻液，出汗，口色红燥，舌苔薄黄，脉象洪数。

治法：宣肺泄热，止咳平喘。

方例：麻杏石甘汤加减。热重者加金银花、连翘、黄芩；喘重者加葶苈子、桑白皮；痰重加贝母、瓜蒌。

针治：针鼻俞、玉堂等穴。

2. 寒喘

主症：咳嗽气喘，畏寒毛坚，鼻流清涕，或发抖，耳鼻俱凉，口腔湿润，口色淡，舌苔薄白，脉象浮紧。

治法：宣肺散寒，止咳平喘。

方例：用麻黄、桂枝、白芍、细辛、半夏、贝母、茯苓、甘草等治之。

针治：针肺俞穴。

3. 肺虚喘

主症：久咳，被毛焦燥，形寒肢冷，易出汗，易疲劳，动则喘重。咳声低微，痰涎清稀，鼻流清涕，口色淡，苔白薄，脉无力。

治法：补益肺气，降逆平喘。

方例：用党参、黄芪、熟地黄、五味子、桑白皮等治之。痰多者加制半夏、陈皮；喘重者加紫苏子；汗多加麻黄根。

针治：针肺俞穴。

4. 肾虚喘

主症：倦怠神疲，食少毛焦，易出汗，呼多吸少，二段式呼气，肷肋扇动和息劳沟很明显，甚至张口呼吸，全身颤动，肛门也随呼吸而伸缩；或有痰鸣，出气如拉锯，静则喘轻，动则喘重。咳嗽连声，声音低弱，鼻流黏涕或脓涕，口色暗红或暗淡，脉象沉细。

治法：补肾纳气，下气定喘。

方例：用蛤蚧、百合、天门冬、贝母、杏仁、玄参、白芍、枳壳等治之。

针治：针肺俞、百会等穴。

病例三　便秘

便秘是指粪便干燥，阻塞于肠道，致使排便困难或秘结不通的病证。马、骡的结证也属于便秘的范畴，是指顽固性便秘，肠道阻塞不通，并伴有明显的腹痛症候。

病因病机：便秘主要是由于大肠传导功能失常和津液不足而成，原因是多方面的，但饲养不当，热结胃肠，气血亏损和寒邪内侵是其主要原因。

辨证施治如下。

1. 粪结

主症：腹痛起卧，排粪停止，肚腹胀满，肠音减弱或消失，食欲废绝，口色偏红而干，苔厚，脉象沉涩。大多见于马、骡的结症，病情较危急。

治法：峻下通肠。

方例：多用枳实、大黄、厚朴、青皮、木香、芒硝等治之。

2. 热秘

主症：多发生于暑热季节。症见拱腰努责，粪干硬或不能排粪，肚腹胀满，身热，尿短赤，口干舌红，苔黄，口有臭味，脉洪大。猪鼻盘干燥，有时在腹部可摸到粪球；牛鼻镜干燥甚至龟裂，反刍停止，皮毛干燥。

治法：泻热通便。

方例：多用大黄、芒硝、厚朴、枳实等治之。

3. 虚秘

主症：多见于产后或老龄动物。症见精神短少，腹痛轻微，不时拱腰，排粪困难，努责无力，口色淡白，舌质软绵无力，脉沉细。

治法：润肠通便，益气养血。

方例：多用当归、肉苁蓉、火麻仁、蜂蜜、六神曲等治之。

针治：针脾俞、后三里、关元俞、后海等穴。

（五）肾与膀胱常见病证

1. 肾阴虚

病因：见于久病体弱或急性热性病耗伤肾阴所致，或某些慢性传染病过程中。

主症：体瘦形弱，腰胯无力，午后低热或低热不退，盗汗，粪便干燥，尿频而黄，视力减退，母畜不孕，口干、色红、少苔，脉细数。

治法：滋补肾阴。

2. 肾阳虚

病因：多因肾气亏耗，或久病伤肾，或劳损过度，或年老体弱导致肾阳虚衰。

主症：形寒肝冷，耳鼻四肢不温，腰腿不灵，难起难卧；公畜性欲减退，滑精，重者阳痿；母畜宫寒不孕，胎动不安。遗尿或小便失禁。口色淡，舌苔白，脉象沉细无力。

治法：温补肾阳。

3. 膀胱湿热

病因：多由湿热下注膀胱所致。

主症：尿频，或尿淋漓不畅、浑浊，或带有脓血、砂石。口色红，苔黄腻，脉滑数。

治法：清热利湿。

病例一　不孕

不孕症是指繁殖适龄母畜屡经健康公畜交配而不受孕，或产1~2胎后不能再次怀孕。临诊以牛多见，猪也常患此病。本病可分为先天性不孕和后天性不孕。先天性不孕，多因生殖器官的先天性缺陷和获得性疾病所致，难以医治。后天性不孕，多因生殖器官疾病或机能异常引起，尚可进行治疗。本症仅讨论后天性不孕。

病因病机：引起后天不孕的病因病机较为复杂，但主要以虚弱不孕、宫寒不孕、肥胖不孕和血瘀不孕四种症型较为多见。

（1）虚弱不孕。多因使役过度，或长期饲养管理不当，引起肾气虚损，气血生化之源不足，致使气血亏损，不能摄精成孕。

（2）宫寒不孕。多因畜体素虚，或受风寒客于胞中；或阴雨淋，久卧湿地；或饮喂冰冻水草，寒湿注于胞中；或劳役过度，伤精耗血，损伤肾阳，胞脉失养，不能摄精成孕。

（3）肥胖不孕。多因饲料管理不当造成体质肥胖，痰湿内生，气机不畅，影响发情而不能成孕；或脂液丰满，阻塞胞宫，不能摄精成孕。

（4）血瘀不孕。多因舍饲期间，运动不足；或长期发情不配，或胞宫原有痼疾，致使气机不畅，胞宫气滞血凝，形成肿块而不能摄精成孕。

辨证施治如下。

①虚弱不孕。

主症：形体消瘦，倦怠，口色淡白，脉象沉细无力，或阴门松弛等。

治法：益气补血，健用温肾。

方例：催情散加减，为末，开水冲服；或煎服。牛500~800 g，猪100~200 g。

②宫寒不孕。

慢性子宫内膜炎、慢性子宫颈炎、慢性阴道炎等，常表现此症型。

主症：患畜形寒肢冷，带下清稀，口色青白，脉象沉迟，发情期延长，配而不孕等。

治法：暖宫散寒，温肾壮阳。

方例：艾叶、吴茱萸、川芎、肉桂各20 g，醋香附、当归、续断、白芍、生地黄各30 g，炙黄芪45 g，研末，开水冲服，候温灌服。牛200~350 g，猪60~100 g。

③肥胖不孕。

主症：患畜体肥膘满，动则易喘，不耐劳役，口色淡白，带下黏稠量多，脉滑。

治法：燥湿化痰。

方例：制香附、苍术、炒六神曲、茯苓、陈皮各35 g，川芎、制半夏各20 g，研末，开水冲调，候温加适量黄酒灌服。牛200~350 g，猪60~100 g。

④血瘀不孕。

卵巢囊肿，持久黄体等，常表现此症型。

主症：发情周期反常或长期不发情，有"慕雄狂"之状。直肠检查，易表现卵巢囊肿或持久黄体。

治法：活血化瘀。

方例：促孕灌注液，子宫内灌注，牛60~100 mL，猪20~40 mL；或生化汤加减。

对于不孕症临诊还常用针灸疗法治疗。如于母畜发情后，用当归或丹参注射液，于百会穴注射10 mL，10~30 min后输精配种，可明显提高受孕率。

病例二　淋证

淋证是排尿困难，欲尿不尿或排尿淋漓的一种证候。根据主症之不同，常分为热淋、血淋、砂淋或膏淋。

病因病机：多因湿热蕴结于下焦，伤及膀胱，以致排尿淋漓涩痛。或热迫血妄行，随尿排出，形成血淋。或砂石积于膀胱与尿道，影响尿液排出，造成砂淋。或湿热积于膀胱，气化不利，清浊相混，形成膏淋。

辨证施治如下。

1. 热淋

主症：排尿时拱腰努责，淋漓不畅，表现疼痛，尿少但频频排尿，尿色赤黄。口色红，苔黄腻，脉滑数。

治法：清热降火，利湿通淋。

方例：八正散加减。内热盛者加蒲公英、金银花、栀子等。

2. 血淋

主症：排尿困难，疼痛不安，尿中带血，尿色鲜红，兼血瘀者，血色暗紫有血块。舌色红，苔黄，脉滑数。

治法：清热利湿，凉血止血。

方例：用小蓟、生地黄、滑石、淡竹叶、通草、栀子、炒蒲黄等治之。

3. 砂淋

主症：常作排尿姿势，尿液混浊，常带砂粉状或细砂状东西，或尿中带血。病重时，排不出尿，痛苦不安，蹲腰踏地，后肢踢腹。口色通常无大变化或微红而干，脉滑数。

治法：清热利湿，消石通淋。

方例：八正散加金钱草、海金沙、鸡内金。兼有血尿者加小蓟、大蓟、丹皮。

4. 膏淋

主症：身热，排尿涩痛，频数，尿液混浊不清，色如米泔，稠如膏糊。口色红，苔黄腻，脉滑数。

治法：清热利湿，分清化浊。

方例：用石菖蒲、黄柏、白术、车前子等治之。

三、卫气营血辨证

卫气营血辨证，是用于外感温热病的一种辨证方法。温热病是由温热病邪引起的急性热性病的总称，以发病急，发展迅速，热势偏盛，易于化燥伤阴为特征。

就其病变部位来说，卫分证主表，病在肺和皮毛，治疗宜辛凉解表；气分证主里，病在脏腑，治疗宜清热生津；营分证是邪热入于心营，病在心与心包络，治疗宜清营透热；血分证则热已深入肝肾，重在动血耗血，治疗宜清热凉血散瘀。

病例　中暑

中暑是由于高温环境或暑天感受暑邪所致，为心肺热极之证。《元亨疗马集》中"热痛"和"黑汗风"，均属中暑范围。西医称为日射病和热射病。

病因病理：多因暑热炎天，在烈日下或炎热的环境中，奔走太急，使役过重；或由于天气闷热，厩舍、车舟狭窄，失于饮水，通风不良，以及动物过度肥胖，不易散热等原因，使暑热之邪由表入里，内热不得外泄，致成本病。

辨证施治如下。

1. 伤暑

主症：发病较快，精神恍惚，头低耳耷，四肢倦怠，行走无力，步态不稳，站立如醉，两目昏蒙，闭而不睁，有时流泪；喜伏卧呈昏睡状态，但不滚转。身热气喘，粪便干燥或泄泻，尿液短黄。口色初期鲜红，后期暗紫，口津干涩，脉象洪数。牛多突然发病，目瞪头低，口流白沫，尾不摇摆，身颤出汗，色脉同马。

治法：清心解暑，开郁理气。

方例：多用香薷、藿香、薏苡仁、白扁豆、淡竹叶、滑石等治之。

2. 中暑

主症：猝然发病，病程短快，高热神昏，行如酒醉，浑身颤抖，汗出如油，目瞪头低，牵行不动，气促喘粗；口色初期鲜红，很快变为赤紫；脉象洪数，或细数无力。猪常见高热气喘，便秘，抽搐。此病如果掐耳不知，汗出不休，汗出如油，舌如煮豆（紫黑无光），则难以治愈。

治法：清热解暑，宁心镇惊。

方例：多用茯神、朱砂、猪胆汁、生石膏、知母等治之。

针治：针颈脉、三江、通关、带脉、耳尖、尾尖穴放血。

技能考核

【考核项目】

辨证。

【考核要点】

能正确运用辨证方法辨别疾病的症型，并能恰当地立法、选方、用药。

【考核方法】

学生独立完成典型病例的辨证，确定治法，开写处方，教师做出评判。

【评分标准】

能正确完成全部考核内容者评100分或优；能正确完成2/3考核内容者评85分或良；能正确完成1/2考核内容者评60分或及格；正确完成考核内容不足1/2者评为不及格。

【职业能力测试】

一、判断题（正确的在括号里画"√"，错误的画"×"）

1. 表里是辨别疾病病位深浅、病情轻重及病势进退的两个纲领。（　　　）

2. 寒热是辨别疾病性质的两个纲领。（　　　）

3. 虚实是辨别邪正盛衰的两个纲领。（　　　）

4. 阴阳是辨别病证类别的两个纲领。（　　　）

5. 肾阳虚多见形寒怕冷，性欲减退，阳痿，宫寒不孕等症。（　　　）

6. 卫气营血辨证多用于辨别内伤杂病。（　　　）

7. 脏腑辨证是针对外感温热病邪所引起热性病的辨证。（　　　）

8. 表证多见于外感病的初期。（　　　）

9. 里证包括里寒、里热、里虚、里实多种症候。（　　　）

10. 治疗热证宜采用温法，称为寒者热之。（　　　）

二、填空题

1. 寒证的治法有＿＿＿＿＿、＿＿＿＿＿、＿＿＿＿＿等。

2. 治疗虚证采用补法，有＿＿＿＿＿、＿＿＿＿＿、＿＿＿＿＿等。

3. 治疗实证采用泻法，有＿＿＿＿＿、＿＿＿＿＿、＿＿＿＿＿等。

4. 表证的一般症状表现是＿＿＿＿＿、＿＿＿＿＿、＿＿＿＿＿等。

5. 心热内盛（心火亢盛）的治则是＿＿＿＿＿＿、＿＿＿＿＿。

6. 肝经风热的治则是＿＿＿＿＿＿、＿＿＿＿＿。

7. 胃热的治则为＿＿＿＿＿＿，胃食滞的治则为＿＿＿＿＿＿。

8. 肺热咳喘的治则为＿＿＿＿＿＿、＿＿＿＿＿。

三、单项选择题

1. 症见发热重，恶寒轻，耳鼻俱温，口干喜饮，口色偏红，脉浮数等，多为（　　　）。

A. 肾阴虚　　　　　B. 表寒证　　　　　　C. 表热证　　　　　　D. 淋浊

2. （　　　）症见形寒怕冷，阳痿，宫寒不孕，耳鼻四肢不温。

A. 心阳虚　　　　　B. 肾阳虚　　　　　　C. 肺气虚　　　　　　D. 脾气虚

3. 肝火上炎的主症，不包括（　　　）。

A. 胃食滞　　　　　B. 两目红肿　　　　　C. 云翳遮睛　　　　　D. 视力障碍

4.（　　）的治疗清热生津。

A. 卫分证　　　　　B. 气分证　　　　　　　C. 营分证　　　　　　D. 血分证

5. 治疗（　　），病初以清热解毒为主，病久以健脾固涩为主。

A. 风寒咳嗽　　　　B. 肝胆湿热　　　　　　C. 湿热泄泻　　　　　D. 仔猪白痢

6.（　　）的治疗清热宣肺，止咳平喘。

A. 温热在肺　　　　B. 热入阳明　　　　　　C. 热结肠道　　　　　D. 血热妄行

7.（　　）的治疗消积导滞，攻下通便。

A. 瘤胃臌气　　　　B. 热淋、血淋　　　　　C. 宿草不转　　　　　D. 伤暑、中暑

8.（　　）的治疗活血化瘀。

A. 虚弱不孕　　　　B. 宫寒不孕　　　　　　C. 肥胖不孕　　　　　D. 血瘀不孕

四、简答题

1. 脾气虚的主症及治法有哪些？

2. 简述瘤胃鼓胀的中兽医疗法。

3. 开出治疗血瘀不孕的中药处方及针灸处方。

项目六　病证防治

任务一　防治法则

【学习目标】

（1）明确预防动物疾病的基本原则。

（2）初步掌握防治法则的基本特点和方法。

防治法则是指预防、治疗动物疾病的基本方法和原则。

一、预防

预防，是指采取一定的措施，防止动物疾病的发生和发展。中兽医学强调"治未病"的预防思想，包括未病先防和既病防变。

（一）未病先防

未病先防，就是在疾病未发生之前，做好各种预防工作，以防止疾病的发生。

1. 加强饲养管理

加强饲养管理，合理使役，是提高动物机体抵抗力，预防疾病发生的一个重要环节。

2. 针药预防

运用针刺和中药预防动物疾病，是中兽医的传统方法。

（1）放六脉血。六脉指眼脉、鹘脉（颈脉）、带脉、胸膛、肾堂、尾本等穴位。春夏两季，根据需要选择1~2个穴位，针刺适量放血，以起到调理气血，疏通经络，预防疾病的作用。

（2）灌四季药。春季用茵陈散，夏季用消黄散，秋季用理肺散，冬季用茴香散，以起到调整阴阳气血，扶正祛邪，预防疾病的作用。如炎热季节多用清热祛暑之品等。

（3）药物添加。在动物日粮中，添加一定量的中药，以防止动物发生某些疾病或提高动物的生产性能。近年来，中药饲料添加剂的应用，是中兽医学术界研究的热点之一。

3. 疫病预防

搞好卫生消毒工作，定期检疫，定期预防接种，提高动物机体免疫力。疾病发生后，尽早报告疫情，及时正确诊断，处置疫情，病死动物要做无害化处理。

（二）既病防变

如果疾病已经发生，就应及早诊断和治疗，防止疾病进一步地发展和传变。

1. 早期诊治

在疾病防治过程中，一定要掌握疾病的发生发展规律，才能做到早期正确诊断，及时恰当治疗，控制疾病传变。

2. 控制传变

发生疾病时，要控制其发展传变。

二、治则

治则，即治疗疾病的原则。治疗原则是治疗疾病的共同原则，是确立治疗方法的依据。

1. 扶正与祛邪

虚证治以扶正，实证治以祛邪，也即"虚则补之""实则泻之"的意思。

扶正，就是使用补益正气的方药及加强病畜护养等方法，以扶助机体正气，提高机体抵抗力，达到祛除邪气、恢复健康的目的。虚证一般分为气虚、血虚、阴虚和阳虚四类。气虚用益气法，血虚用养血法，阴虚用滋阴法，阳虚用温阳法。

祛邪，就是使用祛除邪气的方药，或采用针灸、手术等方法，以祛除病邪，达到邪去正复的目的。如表邪盛者，用发汗解表法；实热实火，宜用清热泻火法；食积胀满，宜用消导之法；有痰的应祛痰，有瘀血的，应活血化瘀。

扶证兼祛邪，适用于正虚为主，兼有留邪的病证；先扶正后祛邪，适用于正虚邪不盛，或正虚邪盛的病证；先祛邪后扶正，适用于邪盛不太虚，或邪盛正虚的病证。

2. 治标与治本

标与本是一对相对的概念，用来概括疾病过程中矛盾的主次关系。如正气为本，邪气为标；病因为本，症状为标；原发病为本，继发病为标等。中兽医强调治病求本。

（1）缓则治其本。一般情况下，凡病势缓而不急的，皆需从本论治。如脾虚泄泻之证，若泄泻不甚，无伤津脱液的严重症状，只需健脾补虚，使脾虚之本得治，则泄泻之标自除。

（2）急则治其标。例如瘤胃臌气时，若臌气严重，如不能快速解除，就会危及患畜的生命，此时就要穿刺放气或用其他方法解除气胀以治标，待气胀缓解后再治其本。

（3）标本兼治。当标本俱重和俱急，应采取标本同治的方法。例如气虚感冒时，气虚为本，外邪为标，就要采用益气为主兼以解表，标本同治的原则。

3. 正治与反治

（1）正治：是逆其病证性质而治的一种治疗原则，故又称为"逆治"。

①寒者热之：即寒证用温热性质的方药治疗。例如，表寒证用辛温解表法，里寒证用温里祛寒、回阳救逆或温经散寒法，虚寒证用温补法，实寒证用祛寒攻里法治疗。

②热者寒之：即热证用寒凉性质的方药治疗。例如，表热证用辛凉解表法，里热证用清脏腑热等法治疗，虚热证用滋阴清热法，实热证用清热泻火解毒等法治疗。

③虚则补之：即虚证用补法治疗。针对气虚、血虚、阴虚、阳虚等不同证候，分别给予补气、补血、补阴、补阳的治疗方法。

④实则泻之：即实证用祛邪法治疗。如里热积滞用寒下法，淤阻经脉用化瘀通经法，痰热蕴肺用清肺化痰法等。

（2）反治：是顺从病证假象而治的一种治疗原则，故又称为"从治"。如热因热用，用温热性药物治疗有热象的真寒假热证；寒因寒用，用寒凉性药物治疗有寒象的真热假寒证；塞因塞用，用补塞药物治疗真虚假实证，如脾虚便秘仍用健脾止泻药治疗；通因通用，用通泄的方法治疗真实假虚证，如食积腹泻仍用消导泻下药排除积滞。

4.同病异治与异病同治

"同病异治"，是指一种疾病，由于病因、病理以及发展阶段的不同，其治法就不同。如感冒，有风寒与风热的不同，治疗就有辛温解表和辛凉解表之分。"异病同治"，是指不同的疾病，由于有相同的证候，可以采用相同的治疗方法。如不同的传染病过程中，出现气分热证，即大热、大渴、脉象洪数等，都可以用清热生津法治疗。

5.三因制宜

临诊治病要根据患病动物、地理环境、时令等具体情况制定适宜的治疗方法。因动物制宜，就是根据动物的年龄、性别、体质等差异，来考虑治疗用药。因地制宜，就是根据地区的环境特点考虑治疗用药。因时制宜，就是根据季节的气候特点考虑治疗用药。

此外，中兽医学治疗方法概括为"汗、吐、下、和、温、清、补、消"八种方法，简称为"八法"。

【职业能力测试】

一、判断题（正确的在括号里画"√"，错误的画"×"）

1.控制传变就是在未病前采取各种措施，防止疾病的发生。（　　　）

2.扶助正气就是祛除邪气。（　　　）

3.三因制宜就是治常与治变而知常达变的一项治疗原则。（　　　）

4.逆治与从治在本质上是相同的。（　　　）

5.顺从疾病的征象而治称为正治。（　　　）

二、填空题

1.预防原则，就是指采取一定的_____，防止动物疾病_____的原则。

2.祛邪就是使用祛除_____的方药，或采用_____、_____等方法祛除病邪，达到扶正祛邪的目的。

3.标和本是一个_____概念，用以说明疾病的_____关系。

4.正治又称_____，是指逆_____而治的一种治疗原则。

5.三因制宜，即_____、_____、_____。

三、单项选择题

1.中兽医学的预防原则是（　　　）。

A.未病先防　　　B.既病防变　　　C.标本并重　　　D.通因通用

2.属于既病防变内容的是（　　　）。

A.加强饲养管理　　B.针药预防　　C.寒因寒用　　D.控制传变

3.标是指疾病的（　　　）。

A.病因　　　　　B.原发病　　　C.本质　　　　D.现象

4.属于从治范畴的有（　　　）。

A.实则泻之　　　B.寒者热之　　　C.寒因寒用　　　D.未病先防

5. 应采用"急则治其标"治疗的病症是（　　　）。

A. 风热感冒　　　　B. 瘤胃臌气　　　C. 肺虚咳嗽　　　　D. 脾虚泄泻

四、简答题

1. 中兽医学的主要治疗原则有哪几种？

2. 何谓扶正？常用的治疗方法有哪些？

任务二　动物常见病证防治

【学习目标】

能对常见动物病证进行辩证施治。

病例一　乳痈

乳痈是乳房呈现硬、肿、热，并拒绝幼畜吃奶或人工挤奶的一种疾病。常发生于动物产后哺乳期间。此外，在妊娠后期临产之前亦偶见发生。多发生于乳用动物，役畜和猪也有发生。

1. 病因病机

（1）胃热壅盛。多因役畜使役负重过甚，奔走过急，或食精料过多，致使胃热壅盛，气血凝滞，又因乳房乃胃之经脉所过之处，故胃热过盛，壅滞乳房，脉络受阻，遂成本病。

（2）气血瘀滞。多因母子分离等刺激因素，致使肝气郁结，气机不舒，气滞血凝，又因乳头乃肝经所过，故肝气郁结，乳房经气阻塞，遂成乳痈，或由于乳孔闭塞，乳汁蓄积，乳汁分泌过盛，幼畜吸乳量少，或产后幼畜死亡，乳汁未能消散，积聚于乳房之内，郁结而成本病。

（3）外邪入侵。圈舍不洁，卫生不良，或产乳动物，挤乳技术不佳，操作失误，再加产后正气虚弱，或高产乳牛消耗过度，外界毒邪乘虚而入，致使乳房热毒壅盛，气、血、乳三者不通，遂成乳痈。

（4）外伤。乳房受到创伤、压伤、咬伤、踢伤、打伤等，亦常发生本病。

2. 辨证施治

（1）热毒壅盛型。

主症：乳房肿大，红、肿、热、痛，拒绝幼仔吃奶或人工挤奶，不愿卧地和行走，两后肢张开站立。乳量减少，乳汁变性，呈淡棕色或黄褐色，甚至乳中出现白色絮状物，并带血丝。如已成脓，触之有波动感，日久破溃出脓。严重者发热，水草迟细。口色赤红，苔黄，脉象洪数。

治法：初期以清热解毒，消肿止痛为主。多用栝楼、金银花、黄芩、陈皮、栀子、皂角刺、柴胡、生甘草等治之。成脓期以清热解毒、消肿排脓为主。多用黄芪、当归、甲珠、川芎、皂角刺、金银花、连翘、蒲公英等治之。

（2）气血瘀滞型。

主症：乳房内有大小不等的硬块，皮色不变，触之不热或微热，乳汁不畅，若延误不治，肿块往往溃烂，或成为永久性硬块，使乳房不能产奶。病畜躁动不安，口色黄，苔黄，脉弦数。

治法：宜舒肝解郁，清热散结。

方例：多用柴胡、黄芩、蒲公英、枳壳、香附、青皮、瓜蒌、天花粉等治之。

针治：针灸或氦氖激光照射阳明、带脉、肾堂、尾本等穴对各型乳痈皆有一定疗效；用TDP治疗仪照射患乳也有较好的疗效。

病例二　胎衣不下

母畜产后，胎衣在正常时间内不能自行脱落的病症，又名胞衣不下或胎盘滞留。一般牛超过12 h，马超过90 min，羊超过5 h，猪超过3 h胎衣未下者，便可视为胎衣不下，本病多见于牛，尤其奶牛多发。

1. 病因病机

多因气血运行不畅，胞宫活动力减弱，使胎衣滞留，不能按时排出而发病。

（1）气虚。多因母畜产前营养不良，劳役过度，气血虚亏；或胎儿过大，产程过长，以致损伤正气，精力疲惫，无力排出胎衣。

（2）气血凝滞。多因分娩时感受风寒，以致气血凝滞，胎衣不行，不能按时排出而发病。

此外，其他原因引起胞宫与胎衣粘连，也可引发本病。

2. 辨证施治

（1）气虚型。

主症：体瘦毛焦，精神沉郁，头低耳聋，倦怠乏力，努责无力，胎衣不能排出或部分垂于阴门，阴道内流出血水，口色淡白，舌苔薄白，脉细弱。

治法：补气养血，活血行瘀。

方例：多用党参、白术、茯苓、当归、熟地、白芍、川芎、红花、桃仁等治之。

（2）气血凝滞型。

主症：患畜频频努责，腹痛不安，回头顾腹，胎衣不下，恶露量少而色暗红，或夹血块，口色青紫，脉沉有力。

治法：活血化瘀，下胎衣。

方例：多用牛膝、红花、当归、肉桂、青皮、枳壳、益母草等治之。

病例三　缺乳

缺乳是指母猪在泌乳期，乳汁分泌受阻，以致乳量减少或完全无乳的疾病。

1. 病因病机

乳汁乃气血所化生，故气血虚少或气血瘀滞，皆可导致缺乳。

（1）气血虚弱。多因产前劳役过度，饲养失调，营养不足，脾胃虚弱，气血化源不足，乳汁生化无源而成缺乳。加之分娩耗伤气血，营养不良而致乳汁不足。

（2）气血瘀滞。多因喂养太盛，以致气机不畅，乳络受阻而发病。

（3）另外，某些疫病（如隐性猪瘟）也可导致缺乳。

2. 辨证施治

（1）气血虚弱型。

主症：体瘦毛焦，精神倦怠，乳房缩而柔软，外皮皱褶，乳汁较少或无乳，幼仔吸吮有声不见下咽，口色淡白，脉象沉细。

治法：补气养血，通经下乳。

方例：多用当归、川芎、穿山甲、王不流行、木通、通草等治之。

（2）气血瘀滞型。

主症：体肥膘满，乳房坚实胀满，乳汁不行，用手挤压有少量乳汁流出。

治法：理气活血，通经下乳。

方例：多用当归、白芍、生地、柴胡、天花粉、穿山甲、王不留行、漏芦、木通、通草、甘草等治之。

病例四　猪传染性胃肠炎

本病是由猪传染性胃肠炎病毒引起的危害猪的高度接触性传染病。以呕吐、严重腹泻和脱水为特征。10日龄以内的仔猪发病时病死率达100%，5周龄以上的猪发病时死亡率低，但生产性能下降，饲料报酬率降低。

1. 病因病机

多因健康猪与病猪及其排泄物接触或食入疫毒污染的饲料和饮水等，经呼吸道、消化道而感染发病。或因发病母猪乳汁含有疫毒，哺乳仔猪吃奶时被感染。疫毒侵入胃肠，脾阳不振，水湿运化失司，气机升降失常，导致呕吐、下泻。

2. 辨证施治

主症：仔猪突然发病，先呕吐，继而水样腹泻，粪便为黄色、绿色或白色等，常夹有未消化凝乳，腥臭难闻。病猪脱水明显，10日龄以内的仔猪多在出现症状后2~7 d内死亡。3周龄以上的猪可自行康复，但生长发育不良。

治法：清热解毒，利湿止泻。

方例：白头翁散或郁金散加减。

针治：针后海、后三里等穴。

病例五　仔猪白痢

仔猪白痢是致病性大肠杆菌引起的危害2~4周龄仔猪的一种急性肠道传染病。

1. 病因病机

病原为致病性大肠杆菌。由于仔猪幼弱，胃肠机能不健全，卫外不固，抗病能力弱，很容易受疫毒感染或外邪侵入而引起泻痢。如气候骤变，疫毒内侵等，都可导致本病的发生。

2. 辨证施治

主症：病猪突然发生腹泻，粪便呈乳白色或灰白色，浆状或糊状，黏腻，腥臭。病程长约1周，病猪很少死亡，能自行康复，但仔猪生长发育迟缓，育肥周期延长。

治法：病初以清热解毒为主，病久以健脾固涩为主。

方例：多用白头翁、黄连、木香、诃子、乌梅等治之。

针治：针取后海、百会、脾俞、后三里等穴，采用毫针、电针均可；二氧化碳激光照射交巢穴，亦有较好的疗效。水针用穿心莲注射液交巢穴注射，每次2 mL，每天1次，连用3 d。

病例六　仔猪黄痢

仔猪黄痢是由致病性大肠杆菌引起的危害初生仔猪的一种急性肠道传染病。本病多发于1~3日龄的仔猪。

病因病机：病原为致病性大肠杆菌。多因母乳欠佳，营养不良，气候突变，栏舍卫生条件较差，潮湿，疫毒大量繁殖，仔猪抗病力下降而发病。

主症：仔猪出生后12 h以内即可发病，病仔猪精神不振，扎堆，排出黄色浆状稀粪，内含小块凝乳，很快消瘦、昏迷而死。

治法：健脾燥湿，清热止痢。

方例：多用黄连、黄柏、黄芩、白头翁、诃子、乌梅、山楂、山药等治之。或用滑石500 g、甘草100 g，粉碎后拌料喂母猪，每头母猪每次用150 g拌料喂服，每天2次，连用2 d。

目前用仔猪大肠杆菌双价基因工程菌苗对怀孕母猪做肌肉注射或后海穴注射，可预防本病。

病例七　鸡白痢

鸡白痢是由鸡白痢沙门氏菌引起的危害雏鸡的常见传染病。其特征是患病雏鸡排出白色糊状稀粪。雏鸡的发病率和死亡率高，成年鸡感染呈慢性或隐性过程，对养鸡业危害很大。

1. 病因病机

病原为鸡白痢沙门氏杆菌。种蛋带菌，孵化器被污染，可使孵出来的雏鸡感染发病；雏鸡吃到被病菌污染的饲料和饮水，通过消化道感染发病；育雏室的温度不稳定，时冷时热，饲料配合不当，饲喂不定时，都会使雏鸡机体抗病力下降，导致本病的发生和流行。

2. 辨证施治

主症：以2~3日龄雏鸡的发病率与死亡率最高。病雏表现怕冷，垂翅缩颈，挤堆，排白色糊状稀粪，肛门周围有粪便，有的干结成石灰样物，使排粪困难，时而发出尖叫声；有的张口伸颈呼吸；最后因呼吸困难及心力衰竭而死亡。成年鸡感染后无明显的临床症状，感染母鸡产卵量与受精率降低。

治法：宜清热解毒，燥湿止痢。

方例：（1）白头翁、马齿苋、马尾连、诃子各15%，黄柏、雄黄、滑石、藿香各10%，共研为末，按3%比例拌料做预防用；病重雏鸡，每羽取药0.5 g与少量饲料混合制成面团填服。（2）白头翁40 g、黄柏20 g、陈皮20 g、大青叶20 g、白芍20 g、乌梅15 g、黄连15 g，共研细末，备用。连续用药6 d，前三天按每羽1.5 g，后三天按每羽1 g，拌料饲喂。（3）大蒜30 g、马齿苋250 g，共捣成泥，使汁液渗入料内，与饲料混匀，供100羽雏鸡分6次饲喂完。（4）穿心莲100 g、白头翁50 g、黄芩25 g、功劳木25 g、秦皮25 g、广藿香25 g、陈皮25 g，粉碎成细粉，过筛，混匀，备用。一次量，雏鸡0.5 g，一日2次。

病例八　鸡球虫病

鸡球虫病是鸡肠道感染一种或多种球虫所引起的常见原虫病。以消瘦、贫血、血粪为特征。3月龄以内的雏鸡最易感染发病，成鸡多半是带虫者，其他家禽如鸭、鹅、火鸡、鸽等均可感染发病。本病多发生在气候温暖、雨量充足的春夏季，对养鸡业危害严重。

1. 病因病机

病原为艾美尔球虫，我国已报道的有9种，其中柔嫩艾美尔球虫和毒害艾美尔球虫两种的致病性均很强，以混合感染多见。柔嫩艾美尔球虫主要危害雏鸡，引起雏鸡盲肠型球虫病；毒害艾美尔球虫能引起成鸡小肠型球虫病。常在多雨高温季节流行。凡被病鸡粪便污染过的饲料、饮水、土壤、用具等均可通过啄食而感染。

2. 辨证施治

主症：病初精神不佳，羽毛蓬松，头颈蜷缩，呆立一隅，食欲减退，泄殖孔周围羽毛为稀粪污染，随后食欲废绝，两翅下垂，口渴喜饮，嗉囊内充满液体，鸡冠苍白，逐渐消瘦，粪呈水样，粪中夹血，不久死亡。若是盲肠球虫，则粪便呈棕色，以后变成血便。患病雏鸡死亡率高达100%。

治法：清热燥湿，杀虫止痢，凉血止血，补中益气。

方例：（1）青蒿100 g、仙鹤草40 g、何首乌40 g、白头翁100 g、肉桂20 g、黄芪10 g，共研细末，按1%比例拌料饲喂。（2）常山200 g、柴胡60 g，加水400 mL煎至250 mL，治疗量为每羽10 mL，每日1次，连服3~4 d；预防量为每羽5 mL，拌料饲喂，每日1次，连服3~4 d。（3）铁苋菜、墨汁草（旱莲草）各等份，煎汤，每羽每天服药2~4 g，连服3 d，效果较好。

病例九　鸭浆膜炎

鸭浆膜炎亦称鸭疫里默氏杆菌病，是由鸭疫里默氏杆菌引起的主要侵害雏鸭（鹅、火鸡）等多种禽类的一种接触传染病。该病多发于1~8周龄的小鸭，呈急性或慢性败血症。肉眼病变为浆膜表面的纤维素性渗出物，主要位于心包膜、肝表面和气囊。

1. 病因病机

病原为鸭疫里默氏杆菌。本病可通过污染的饲料、饮水、飞沫、尘土经呼吸道、消化道、刺破的足部皮肤伤口、蚊子叮咬等多种途径传播。以低温、阴雨、潮湿的季节及冬春季较为多见。饲养管理不当，其他疫毒的感染或并发感染等可诱发和加剧本病的发生及流行。

2. 辨证施治

主症：病鸭减食或食欲废绝，扎堆，嗜睡，缩颈，不能站立或站时全身发抖，共济失调，眼睛和鼻周围有浆液性或食欲黏液性分泌物，轻度咳嗽，打喷嚏，腹泻，粪便呈黄绿色，步履蹒跚，角弓反张，两脚乱蹬，严重时抽搐死亡。

治法：清热燥湿。

方例：多用黄连30 g、黄芩30 g、大黄30 g、苍术15 g、厚朴15 g、甘草20 g，水煎，取煎液，为600羽雏鸭1日拌料用量，连用3 d。

病例十　鸡传染性支气管炎

鸡传染性支气管炎是由传染性支气管炎病毒引起的危害鸡的一种急性高度接触性呼吸道传染病。其特征是患鸡咳嗽、打喷嚏和气管内发出啰音。在雏鸡可见流涕，产蛋鸡产蛋减少和产劣质蛋。肾型传染性支气管炎表现肾炎综合征和尿酸盐沉积。

病因病机：病原是传染性支气管炎病毒。病鸡和带病毒鸡是主要的传染源。鸡接触邪毒而受感染。此外，鸡接触了被污染的蛋、饲料、饮水等也可经消化道传染。饲养管理不良，鸡群拥挤，空气污浊，地面潮湿，温度忽高忽低，饲料中维生素、矿物质不足，可促使本病的发生。

2. 辨证施治

主症：呼吸型支气管炎，病鸡表现伸颈，张口呼吸，喷嚏，咳嗽，呼吸道有明显的啰音，食欲减退，羽毛松乱，昏睡，翅下垂。肾型支气管炎，多发生于2~4周龄的鸡，呼吸道症状轻微或不出现，持续排白色或水样下痢，迅速消瘦，饮水量增加。由接种生物制品引起的腺胃型支气管炎，病鸡表现为发育停滞、腹泻、消瘦。

治法：清热解毒，清肺化痰，止咳平喘。

方例：多用麻黄300 g、大青叶300 g、石膏250 g、制半夏200 g、连翘200 g、黄连200 g、金银花200 g、蒲公英150 g、黄芩150 g、杏仁150 g、麦冬150 g、桑白皮150 g、菊花100 g、桔梗100 g、甘草50 g，水煎，取煎液，为5 000羽雏鸡1日拌料用量，连用3 d。

病例十一 传染性法氏囊病

传染性法氏囊病又称传染性腔上囊炎，是由传染性法氏囊病病毒引起的主要危害雏鸡的一种急性高度接触性传染病。成年鸡感染多呈隐性过程。

1. 病因病机

病原为传染性法氏囊病病毒。病鸡和带病毒鸡是主要的传染源。本病可经直接接触传播，或间接接触传播，感染途径包括消化道、呼吸道和眼结膜等。疫毒伤及血脉，而致腺胃和肌胃交界处有条状出血，以及腿部和胸部肌肉出血。幼鸡感染后，因法氏囊（法氏囊肿大、出血，浆膜覆盖有淡黄色胶冻样渗出物）和肾脏（肾脏肿大苍白，呈花斑状，肾小管和输尿管有白色尿酸盐沉积）的病变，导致免疫抑制，诱发多种疫病或使多种疫苗免疫失败。

2. 辨证施治

主症：早期症状为病鸡自啄泄殖腔，羽毛蓬乱，采食减少，畏寒挤堆，精神委顿；腹泻，排出白色黏稠或水样稀粪并污染泄殖腔周围羽毛；病鸡头垂地，闭眼呈昏睡状。后期体温低于正常，多因严重脱水、极度虚弱而死亡。有明显的高峰死亡曲线和迅速康复期。

治法：扶正祛邪，凉血解毒。

方例：（1）板蓝根、黄芪、淫羊藿各等分粉细末，按1%混饲。（2）黄芪300 g，黄连、生地、大青叶、白头翁、白术各150 g，甘草80 g，供500羽鸡服用，每日1剂，每剂水煎2次，取汁加5%白糖自由饮水或灌服，连服2~3剂可愈。（3）大青叶、板蓝根、生石膏、蒲公英各100 g，金银花、黄芩、黄柏各50 g，生地、栀子各20 g，甘草40 g，水煎2次，煎至2 kg药液，供200羽病鸡服用。

病例十二 犬瘟热

犬瘟热是由犬瘟热病毒引起的犬的一种急性接触性传染病。

1. 病因病机

主要通过接触感染，疫毒经呼吸道和消化道侵入犬的体内，使犬大伤正气而导致本病的发生犬病。因机体抵抗力降低易导致继发其他疫毒感染而加重病情。

2. 辨证施治

主症：出现双相热，即病犬病初体温达39.5~41 ℃，约持续2 d，以后下降到正常温度，2~3 d后体温再次升高并持续数周之久。精神委顿，食欲不振或废绝，眼、鼻流浆液性或黏液性或脓性分泌物，有难闻气味。常呕吐和发生肺炎，鼻端等干燥甚至龟裂。腹泻，粪便呈水样，恶臭，混有黏液和血液。病犬消瘦、脱水。以咬肌群反复节律性颤动的神经症状最为常见。病犬出现惊厥症状后，一般多取死亡转归，耐过的留有神经性的后遗症。少数患病犬足底因过度角质化而增厚。

治法：病初宜清热解毒，辛凉解表，病中后期宜清热凉血，扶正固本。早期注射抗犬瘟热高免血清，配合对症治疗和精心护理。

方例：多用银花、连翘、板蓝根、大青叶、黄连、黄芩、栀子等治之。或用双黄连（金银花、黄芩、连翘）、清开灵等中药复方治疗。

针治：针山根、肺俞、脾俞、百会、尾尖、后三里等穴。

病例十三　犬细小病毒病

犬细小病毒病又称犬传染性出血性肠炎，是由犬细小病毒引起的犬的一种急性传染病。

1.病因病机

染病犬是主要的传染源，并不断向外排毒。多因卫生消毒不良或管理不善，疫病经消化道侵入犬体内，伤及脾胃特别是小肠下段，郁而化热，侵淫热入营血，迫血妄行，呈现出血性肠炎症状；伤及心肺，肺失宣发肃降，心肌受损，扰乱心神，呈现心肌炎症状。

2.辨证论治

主症：

（1）心肌炎型。常发于8周龄以下幼犬。病犬精神、食欲正常，间或呕吐，或有轻度腹泻，体温升高，呼吸困难，脉快而弱，可见视黏膜苍白，常因心功能受损而心力衰竭死亡。

（2）肠炎型。常发于8周龄以上的青年犬。病犬突然出现呕吐、腹泻，粪便黄色或灰黄色，或排番茄汁样稀粪，有难闻臭味；病犬精神沉郁，体温升高，后期体温降至正常温度下；可见视黏膜苍白，呼吸困难。多因脱水、急性衰竭而死。

治法：心肌炎型多因来不及救治而导致死亡。肠炎型宜清热解毒，凉血止痢。结合西医强心、补液、解毒、防止继发感染，可取得较好疗效。

方例：多用黄连、黄芩、黄柏、大黄、栀子、郁金、白头翁、地榆、猪苓、泽泻、白芍、诃子等治之。

针治：针后海、关元俞、后三里、水沟、大椎等穴。

【职业能力测试】

一、填空题

1.缺乳的证型有_____和_____。

2.胎衣不下的证型有_____和_____。

3.乳痈的病因有_____、_____、_____、_____四种。

4.鸭传染性浆膜炎的治法为_____。

5.鸡传染性支气管炎的治法为_____。

6.猪传染性胃肠炎的治法为_____。

二、简答题

1.简述仔猪白痢的治法。

2.简述鸡球虫病的治法。

3.简述仔猪黄痢的治法。

4.简述鸡白痢的治法。

5. 简述犬瘟热、犬细小病毒病的治法。

6. 简述猪传染性胃肠炎的主症有哪些。

技能训练

实训一　辨证施治（1）

【技能目标】

（1）掌握动物食欲不振（慢草）、宿草不转、气胀等任一病症辨证施治的基本技能。

（2）进一步理解辨证的基本理论及治疗的基本方法。

【材料用具】

典型病畜若干头，保定栏及绳具相应配套，听诊器、体温计、消毒药液及洗涤用具每组各1份，病例表每人1份，笔记本人手1本，技能单人手1份。

【内容方法】

1. 内容

由指导教师根据实际情况，选择典型病畜若干例，参照辨证施治的有关内容进行实训。

2. 方法

根据典型病畜将学生分成若干个小组，每组选1名主诊人，2名记录员，按四诊的要求，轮流检查所有典型病例。临诊症状收集完毕，小组进行讨论，确认主要症状，分析病因病机，归纳症候，做出初步诊断。

【观察结果】

各组观察辨证治疗后的情况，并分组讨论。

【注意事项】

（1）认真选好病例，主症要明显，症候要单纯，切忌要求过高，否则学生不易接受。

（2）分组检查时，教师应巡回指导，并给予适当提示。小组讨论中，则给予适当引导，不可包办代替，妨碍学生进行独立的思考，也不应该放任自流，导致多数人做出错误判断而失去自信。

（3）严明实习纪律，注意安全，防止事故发生。

【实训报告】

（1）详细填写病历，并做出诊断结论。

（2）写出实训报告，并讨论所辨症候的病因、诊断和治法要点。

实训二　辨证施治（2）

【技能目标】
（1）初步学会对动物泄泻病证辨证施治的基本技能。
（2）进一步掌握辨证施治的技能。

【材料用具】
见本项目实训一。

【内容方法】
见本项目实训一。

【观察结果】
见本项目实训一。

【注意事项】
见本项目实训一。

【实训报告】
书写一个完整病案。

实训三　辨证施治（3）

【技能目标】
（1）掌握动物感冒、咳嗽、气喘等任一病证辨证施治的基本技能。
（2）初步会用中兽医学理、法、方、药的辨证论治方法防治动物疾病。

【材料用具】
见本项目实训一。

【内容方法】
见本项目实训一。

【观察结果】
见本项目实训一。

【注意事项】
见本项目实训一。

【实训报告】
书写一个完整的病案。

实训四　辨证施治（四）

【技能目标】

（1）掌握仔猪白痢辨证施治的基本技能。

（2）初步会用中兽医学理、法、方、药的辨证论治方法防治群发性动物疾病。

【材料用具】

见实训一。

【内容方法】

见实训一。

【观察结果】

见实训一。

【注意事项】

见实训一。

【实训报告】

书写一个完整的病案。

技能考核

【考核项目】

辨证施治。

【考核要点】

能正确运用辨证方法辨别疾病的表、里、寒、热、虚、实及所在脏腑，并能恰当地立法、选方、用药。

【考核方法】

在动物医院或实训场地选择典型病例，学生独立完成诊断，辨证分析，确定治则，开写处方，教师做出评判。

【评分标准】

能正确完成全部考核内容者评100分或优；能正确完成2/3考核内容者评85分或良；能正确完成1/2考核内容者评60分或及格；正确完成考核内容不足1/2者评为不及格。

主要参考文献

［1］刘仲杰，许剑琴. 中兽医学［M］. 第4版. 北京：中国农业出版社，2012.

［2］胡元亮. 中兽医学［M］. 北京：中国农业出版社，2006.

［3］姜聪文. 中兽医学［M］. 第3版. 北京：中国农业出版社，2013.

［4］杨致礼. 中兽医学［M］. 北京：天则出版社，1990.

［5］于船，王自然. 现代中兽医大全［M］. 南宁：广西科学技术出版社，2000.

［6］汪德刚，陈玉库. 中兽医防治技术［M］. 第2版. 北京：中国农业出版社，2012.

［7］中国兽药典委员会. 中华人民共和国兽药典2010年版［M］. 北京：中国农业出版社，2010.

［8］陈溥言. 兽医传染病学［M］. 第5版. 北京：中国农业出版社，2006.

［9］左中不. 中药鉴别炮制应用手册［M］. 北京：军事医学科学出版社，2003.

常用中草药彩图

彩图1　生姜

彩图2　艾叶

彩图3　白芍

彩图4　百部

彩图5　薄荷

彩图6　穿心莲

173

彩图7　大蓟

彩图8　当归

彩图9　地榆

彩图10　丁香

彩图11　杜仲

彩图12　茯苓

彩图13 甘草

彩图14 何首乌

彩图15 黄芪（饮片）

彩图16 金银花

彩图17 菊花

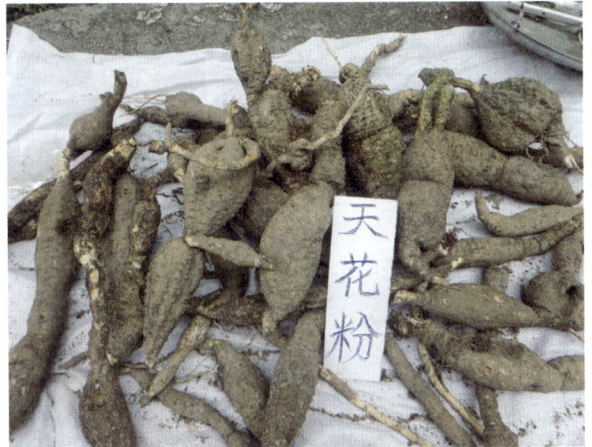

彩图18 天花粉

彩图19　萝卜

彩图20　天门冬

彩图21　密蒙花

彩图22　南五味子

彩图23　枇杷叶

彩图24　青蒿

彩图25 肉桂(叶、枝)

彩图26 五加皮

彩图27 桑叶

彩图28 山楂

彩图29 虎杖

彩图30 十大功劳

彩图31 通草

彩图32 吴茱萸

彩图33 仙鹤草（龙牙草）

彩图34 淫羊藿

彩图35 鱼腥草

彩图36 栀子

彩图37 何首乌（块根）

彩图38 白术

彩图39 板蓝根

彩图40 柴胡

彩图41 大黄

彩图42 丹参

彩图43　独活

彩图44　黄芩

彩图45　桔梗

彩图46　苦参

彩图47　牡丹

彩图48　木瓜

彩图49　牛蒡子

彩图50　沙参

彩图51　山豆根

彩图52　生地

彩图53　天南星

彩图54　玄参

彩图55　益母草

彩图56　知母

彩图57　紫菀

彩图58　紫苏

彩图59　苍耳

彩图60　葛根

彩图61　白头翁

彩图62　黄连

彩图63　海金沙

彩图64　蒲公英

彩图65　半夏

彩图66　木贼